Heiko Schwarzburger

ENERGIE IM WOHNGEBÄUDE

Das Gebäude

Die Fachbuchreihe zu den Themen
- Baurechtpraxis und Baumanagement
- Bautechnik
- Energieeffizientes Bauen
- Energiesystemtechnik
- Gebäudetechnik, TGA und Facility Management
- Klima- und Lüftungstechnik
- Sicherheitstechnik

HEIKO SCHWARZBURGER

ENERGIE IM WOHNGEBÄUDE

Strom • Wärme • E-Mobilität

3., überarbeitete und erweiterte Auflage

VDE VERLAG GMBH

ICS 91.120.10; 91.140.01; 27.160

Bibliografische Information der Deutschen Nationalbibliothek
Die Deutsche Nationalbibliothek verzeichnet diese Publikation in der Deutschen Nationalbibliografie; detaillierte bibliografische Daten sind im Internet über http://dnb.dnb.de abrufbar.

ISBN 978-3-8007-5913-2 (Buch)
ISBN 978-3-8007-5914-9 (E-Book)

Satz: III-satz, Kiel
Druck: Esser bookSolutions GmbH, Göttingen
Printed in Germany 2022-11

Eine Handreichung

Das vorliegende Buch entstand aus einer fast zwanzigjährigen Praxis in der Branche der erneuerbaren Energien. Einer ungewöhnlichen Praxis, denn als Ingenieur und Journalist habe ich mich vor allem der Fachpresse gewidmet. Sie hat die Aufgabe, die rasante technologische und wirtschaftliche Entwicklung in der Stromversorgung und in der Bereitstellung von Wärme aus sauberen Quellen in die Köpfe der Installateure, Planer, Architekten und der interessierten Bauherren zu bringen.

Anders als angestammte Branchen der Energietechnik entwickeln sich Photovoltaik, Wärmepumpen, Brennstoffzellen und Kleinwindkraft mit enormer Geschwindigkeit. Technische Innovationen treiben die Energiewende voran, und noch immer stehen diese Technologien am Anfang ihrer Entwicklung. Hinzu kommen die Elektromobilität und elektrische Heizsysteme. Auch sie speisen ihre Antriebsenergie aus dem Gebäude und seinen Potenzialen.

Dieses Buch gibt einen überblicksartigen Einstieg in die regenerative Versorgungstechnik und ihre Applikation am und im Wohngebäude. Es ist – ausdrücklich – kein Planungshandbuch und kein Leitfaden zur Installation. Vielmehr geht es um den ganzheitlichen Zugang, um im Gebäude und auf dem Grundstück verborgene Potenziale zur Selbstversorgung aufzuspüren. Denn es ist ein Vorteil und Alleinstellungsmerkmal der erneuerbaren Energien, dass man sie vielfältig kombinieren kann. Auf diese Weise wird die Vollversorgung mit Strom und Wärme möglich, auch im Kleinen.

Zur 3. Auflage 2023

Nach der Erstauflage dieses Buches im Jahr 2014 und der zweiten Auflage 2017 ist unser Thema dringlicher denn je. Die Krise der fossilen und nuklearen Energieversorgung lässt die Preise in die Höhe schnellen, ihre Zeit läuft ab.

Denn es gibt preiswerte Alternativen: Mit Photovoltaik, leistungsstarken Stromspeichern und E-Mobilität ist weitgehende Autarkie in der Versorgung von Wohngebäuden möglich. Die Wärmepumpe schlägt die Brücke zur wassergeführten Heizung. Im Neubau sind solarelektrische Systeme jedoch überlegen. Auch im Sanierungsfall ist der Übergang zu sauberer und größtenteils unabhängiger Versorgung möglich. Diese Schritte werden im Buch erläutert:

- Warmwassertechnik von der Heiztechnik trennen,
- Warmwasser durch Sonnenstrom abdecken,
- Vorlauftemperaturen der Heizung senken,
- elektrische oder hydraulische Flächenheizungen statt Radiatoren,
- Radiatoren durch elektrische IR-Heizplatten ersetzen,
- E-Autos durch Sonnenstrom vom eigenen Dach versorgen,
- neuer Trend: bidirektionales Laden.

Saubere Energie von der Sonne ist überall vorhanden. Und die Sonne schickt keine Rechnung.

Ihr Dipl.-Ing. Heiko Schwarzburger MA
Berlin, Oktober 2022

Inhaltsverzeichnis

1 Mit wachen Augen – Einsparpotenziale aufspüren

Das vorliegende Buch bietet einen Leitfaden für Planer und Architekten, für Gebäudeenergieberater und Installateure. Es richtet sich zudem an die Eigentümer und Nutzer der Gebäude. Meistens sind sie Laien bezüglich der technischen Details, doch sie zahlen die Zeche einer falsch geplanten oder schlecht installierten Versorgungstechnik. Aus zahlreichen Beratungsgesprächen hat der Autor dieses Buches gelernt, dass die Auftraggeber der Installateure und Planer ein grundsätzliches Verständnis der physikalischen und technischen Zusammenhänge gut gebrauchen können, um die Gewerke effektiv zu koordinieren. Denn das Ziel ist es, die Ressourcen des Gebäudes und seines Umfeldes genau zu analysieren und für eine weitgehend autarke Versorgung mit Energie und Wasser zu nutzen.

Dieses Ziel ist möglich in Millionen Wohngebäuden in Deutschland. Durch die rasante Entwicklung der regenerativen Energietechnik ist das Wohnhaus nicht länger Kostgänger seines Eigentümers oder Mieters. Es wandelt sich zum sauberen Kraftwerk und spielt im ganzheitlichen Lebenskomfort seiner Nutzer eine zentrale Rolle. Es ist der Ort, an dem Wohnen, Information und Mobilität verschmelzen (Abb. 1.1).

Abb. 1.1: Typisches Wohnhaus in Deutschland: Neubau mit einem Obergeschoss (Quelle: Schüco International KG)

Thematisch umfasst das Buch die Senkung des Energieverbrauchs, die Erzeugung und Bereitstellung von Energie durch erneuerbare Energien und die Energiespeicherung im kleinen Wohngebäude (Neubau und Modernisierung). Auch die Versorgung mit Wasser wird behandelt, sofern sie energetische Fragen berührt.

Das Buch bietet keine umfassende Darstellung der Bauphysik oder der Haustechnik. Es erläutert auch nicht, welche technischen Spitzenleistungen beim Bau von Passivhäusern oder Plusenergiegebäuden möglich sind. Diese Lösungen sind sinnvoll, bedürfen aber der ausführlichen Planung durch Fachleute. Das würde den Rahmen dieses Buches sprengen. Hier geht es vielmehr darum, ein bestehendes Gebäude oder einen geplanten Neubau hinsichtlich seiner energetischen und Wohnqualität schnell und pragmatisch zu bewerten. Ohne ökologische Konzepte ist hohe und erschwingliche Lebensqualität auf Dauer nicht möglich – für alle Schichten der Bevölkerung.

Klar ist: Gas, Kohle, Öl oder Uran kommen der Gesellschaft und den Einzelnen teuer zu stehen: durch die unmittelbaren Kosten der Brennstoffe, durch Kosten aus der Entsorgung und versteckte Kosten für das Gesundheitssystem, durch Kosten für die militärische Sicherung der Brennstoffquellen und Pipelines, durch Kosten für die Abgastechnik und das Abadement (Abgasreinigung). Die Klimakatastrophe selbst ist – finanziell gesehen – ein Desaster, dessen Bewältigung die öffentlichen und privaten Haushalte überfordern dürfte.

1.1 Der Anfang, in aller Bescheidenheit

Nachhaltige Versorgungskonzepte basieren auf einem Grundgedanken: Erst gilt es, den Verbrauch an Raum, Fläche, Energie und Wasser zu senken. Danach kann die Haustechnik umso leichter einspringen, um die Versorgung zu sichern. In der Heiztechnik sind solche Gedanken bereits gang und gäbe. Beim Strom gilt diese Regel gleichermaßen. Deshalb muss der Planer zunächst prüfen, welche Einsparpotenziale ein Gebäude, seine Konstruktion und sein Grundstück aufweisen. Dafür bieten sich diese Punkte an:

Bescheidenheit bei der Wärmenutzung

- Effizienz der Bereitstellung von Wärme
- Effizienz der Wärmeverteilung im Gebäude
- Speicherung von Wärme im Gebäude
- Rückgewinnung von Wärme und Feuchte aus der Abluft
- Thermische Potenziale im Abwasser
- Saisonale Wärmespeicher auf dem Grundstück

Der Effizienzgedanke ist in der Wärmetechnik durch die Historie der Verordnungen zum Wärmeschutz und zur energetischen Qualität der thermischen Hülle bereits fortgeschritten. Allerdings bleiben die Überlegungen meist beim Pufferspeicher und der Fassadendämmung stehen. Doch gibt es im Gebäude und auf dem Grundstück viele Möglichkeiten, Wärme zu sparen oder sparsam einzulagern.

Bescheidenheit in der Nutzung von elektrischem Strom

- Erzeugung von eigenem Strom
- Speicherung von selbsterzeugtem Strom
- Effizienz der Stromverbraucher im Gebäude
- Tageslicht oder technische Beleuchtung?

Mittlerweile ist Erdgas nicht mehr preiswerter als elektrischer Strom. Im Gegenteil: Weil sich elektrischer Strom leichter regeln und elektrisch erzeugte Wärme mit geringem Aufwand überall herstellen lässt, sind strombasierte Heizungen technisch und wirtschaftlich im Vorteil – wenn der Strom aus erneuerbaren Quellen stammt.

Vor allem Warmwasser lässt sich elektrisch direkt an der Zapfstelle bereiten, ohne warmes Trinkwasser vorhalten zu müssen. Das spart den Legionellenschutz, die periodische Aufheizung auf 65 bis 75 °C. Auch Heizwärme lässt sich effizienter elektrisch erzeugen, mit Infrarot-Heizplatten oder elektrischen Heizregistern im Fußboden, die mit Windkraft laufen. Das Zeitalter klobiger Radiatoren und glucksender Heizrohre in Wohnräumen geht zu Ende.

Bescheidenheit beim Wasserverbrauch

- Effizienz der Zapfstellen
- Effizienz der Trinkwasserverteilung
- Bevorratung von Warmwasser
- Nutzung von Regenwasser bzw. Abwasser

Die Mitteleuropäer sind verwöhnt, was hohen Trinkwasserkomfort betrifft. Warmes und kaltes Trinkwasser steht rund um die Uhr zur Verfügung. Vor allem Warmwasser ist immer verfügbar. Dieser Komfort wird mit einem erheblichen Einsatz an Wärmeenergie erkauft. Deshalb ist die Kostensenkung bei der Versorgung mit kaltem Trinkwasser und bei der thermischen Bereitstellung von Warmwasser ein wesentlicher Pfeiler nachhaltiger Konzepte. Zumal auch das Abwasser mitunter erhebliche Kosten verursacht. Mit ihm verschwindet nicht selten auch die Energie im Abfluss, die zuvor mühsam aufgewendet wurde, um das Vollbad oder die Küchenspüle aufzuheizen.

1.2 Vier Kostentreiber: Strom, Wärme, Wasser und Mobilität

Dieses Buch zielt grundsätzlich auf vier Ressourcen im und am Wohngebäude, die über die Lebenshaltungskosten entscheiden: elektrischer Strom, Wohnwärme, Trinkwasser und Mobilität. Das scheint geläufig. Aus zahllosen Gesprächen ergibt sich der Eindruck, dass selbst vielen Fachleuten einige wichtige Grundsätze nicht klar sind. Deshalb seien sie an dieser Stelle kurz dargestellt.

1.2.1 Elektrische Systeme

Elektrischer Strom entsteht durch den gerichteten Fluss von elektrischen Ladungsträgern (Elektronen, Störstellen) in einem Kraftfeld, das durch die Spannung *U* (Einheit: Volt, V) gekennzeichnet ist. Der Stromfluss wird mit der Stromstärke (Formelzeichen *I*, Einheit: Ampere, A) charakterisiert. Bei Gleichstrom (Direct current: DC) fließt der Strom nur in eine Richtung: vom Minuspol zum Pluspol. Spannung und Stromstärke wechseln ihre Phase nicht. Die elektrische Leistung ergibt sich aus dem Produkt von Gleichspannung und Gleichstromstärke, sie wird gemeinhin in Watt (W) oder Kilowatt (kW) angegeben.

Gleichspannung tritt in klassischen Hausnetzen kaum auf. Erst mit dem Einzug der Photovoltaik wird diese Technik auf neue Weise interessant. Die Halbleiter der Solarpaneele geben Gleichstrom ab. Auch Brennstoffzellen erzeugen in der Regel zunächst Gleichstrom. Das passt gut zu Batterien als Stromspeicher, weil alle gängigen Batterietypen auf Gleichspannung und Gleichstrom basieren. Wird ein metallischer Leiter (Kabel) von einem Gleichstrom durchflossen, entsteht um ihn herum ein elektromagnetisches Feld, das konstant in Richtung und Stärke ist. Für die meisten Lebewesen sind solche Gleichfelder gut verträglich.

Elektrischer Strom, der in rotierenden Generatoren erzeugt wird, wechselt seine Flussrichtung in jeder Sekunde 50 Mal. Die Häufigkeit des Wechsels wird in der Frequenz (Formelzeichen *f*, Einheit: Hertz, Hz) beschrieben. Das gilt für große Kraftwerke, aber auch für kleine Windräder. Je nachdem, wie schnell die Generatoren im Wind drehen, geben sie einen Wechselstrom (Alternate current: AC) ab. Er wird über einen Zwischenkreis zu getaktetem Gleichstrom zerhackt, der wiederum auf die Netzfrequenz (Netzstrom) umgewandelt wird. Auch herkömmliche Blockheizkraftwerke mit Gasmotor und rotierenden Generatoren auf der Antriebsachse erzeugen Wechselstrom.

In Deutschland hat das Stromnetz in allen Spannungsebenen eine Netzfrequenz von 50 Hz. Das bedeutet, Stromstärke und Spannung wechseln ihre Richtung pro Sekunde 50 Mal. Dabei durchlaufen sie den Nullpunkt. Die Leistung schwankt also zwischen zwei Maxima und null. Meist liegen die Spitzenwerte für Spannung und Strom nicht deckungsgleich übereinander. Man spricht von Phasenverschiebung, auch Kosinus Phi (Leistungsfaktor) genannt. Sie reduziert die übertragbare Leistung im Stromnetz.

Wechselstrom erzeugt in metallischen Leitern ein elektromagnetisches Wechselfeld, das in die Wohnräume abstrahlt. Wechselfelder werden von vielen Menschen als unangenehm empfunden. Je nach Frequenz sind die biologischen Wirkungen verschieden. Das gilt auch für Funkfelder aus WLAN-Routern oder Sendefelder von Handys. Technisch gesehen handelt es sich um Wechselfelder mit besonders hohen Frequenzen.

Für die Stromversorgung von Wohngebäuden ist festzuhalten:

1. Solarstrom eröffnet Gleichstromverbrauchern neue Chancen im Gebäude.
2. Gleichstrom lässt sich sehr effizient in Batterien speichern.
3. Wechselstrom muss zunächst in Gleichstrom umgesetzt werden, um in Batterien gespeichert zu werden.
4. Alle elektrischen Verbraucher, ganz gleich ob Gleichstrom oder Wechselstrom, verursachen Abwärme. Die Umwandlung der elektrischen Arbeit in mechanische, thermische oder akus-

tische Arbeit geht mit Abwärme in den Wandlern einher. Abwärme bedeutet nicht, dass man sie nicht nutzen kann. Je effizienter ein System ist, desto weniger Verlustwärme gibt es ab.

5. Je geringer die Spannung und die Stromstärke in einem elektrischen Verbraucher oder in den Kabeln, desto geringer machen sich elektrische Verluste in den Systemen bemerkbar. Diese Verluste wiederum verursachen die Abwärme.

Zu den elektrischen Systemen in einem Wohngebäude gehören (Auswahl):

1. **Die Generatoren**
   - Photovoltaikpaneele (Solarmodule),
   - Brennstoffzellen,
   - kleine Windturbinen (KWEA bis 50 kW Nennleistung),
   - Wasserkraftturbinen,
   - Blockheizkraftwerke (BHKW).

2. **Die Speicher**
   - Stationäre Batterien (Bleizellen, Lithiumtechnik),
   - mobile Kleinspeicher in Geräten,
   - Fahrzeugbatterien,
   - elektrische Heizpatronen für thermische Pufferspeicher.

3. **Die Verbraucher**
   - Elektrische Küchengeräte (Maschinen),
   - elektrische Heizgeräte (E-Herde, Durchlauferhitzer, Boiler, Mikrowellengeräte, Tauchsieder, Wärmepumpen, Fön, Warmluftgebläse),
   - elektrische Kühlgeräte und Kältetechnik,
   - elektrische Lüftungstechnik,
   - Beleuchtung der Hausflure und Außenbeleuchtung,
   - Beleuchtung der Wohnräume,
   - Informationstechnik (Mobilfunk, Telefone, Computer, elektronisches Spielzeug),
   - Unterhaltungselektronik (Bildschirme, Videogames, Konsolen).

4. **Gewerbliche Verbraucher**
   - Werkzeuge und kleine Maschinen für den Hobbyraum oder integrierte Werkstatt,
   - entweder Kraft (Motoren, Antriebe) oder Wärme (elektrische Heizgeräte).

5. **Sicherheitstechnik und Steuerungen**
   - Sicherungen gegen Einbruch und Diebstahl (Alarm),
   - automatische Türen und Tore,
   - Hausklingel und Gegensprechanlagen,
   - Bewegungsmelder, Rauchmelder.

6. **Strom für die Heizung**
   - Umwälzpumpen der Zentralheizungsanlagen,
   - Pumpen für die Heizkreise,
   - Zündung und Steuerung für verbrennungsgeführte Thermen oder Kessel,
   - elektrische Wärmepumpen.
7. **Strom für die Wasserversorgung**
   - Pumpen für Brunnen (Förderbrunnen, Schluckbrunnen),
   - Pumpen für Zirkulationspumpen im Gebäude,
   - Pumpen für Abwasser,
   - Pumpen für Gartenbewässerung,
   - ggf. Pumpen zur Entwässerung des Grundstücks.
8. **Elektromobilität**
   - Steckdosen und Ladesysteme für Fahrzeugbatterien, speziell für elektrische Transportmittel und fahrbare Geräte (Rollstühle, Treppenlifte, Fahrstühle, E-Roller, Pedelecs, Elektroautos, elektrische Rasenmäher usw.)
9. **Verkabelung, Schalter und elektrische Absicherung**
   - Kabel und stromführende Leitungen (unter Putz, Aufputz),
   - Schalter, Relais und Gebäudeautomation,
   - Sicherungen für die Stromkreise,
   - Netzzähler und Schaltschrank,
   - Hausanschluss zum Stromnetz (einphasig: 220 V Wechselstrom, dreiphasig: 400 V),
   - Sensoren zur Systemsteuerung.

Die Sache ist komplex, keine Frage. Etwas einfacher wird es, wenn man die Kategorien 3 bis 7 als elektrische Verbraucher betrachtet, die man zu Gruppen zusammenfassen kann. Jede Verbrauchergruppe wird zu bestimmten Zeiten am Tag benötigt oder läuft nur in bestimmten Perioden im Jahresverlauf. Alle Gruppen zusammen ergeben den elektrischen Lastgang eines Gebäudes. Die Gruppen 2 und 8 stellen Speichersysteme dar.

Die Speicher entzerren den Verbrauch von der Stromerzeugung. Denn meist liegen sie nicht in Deckung. Die Solaranlage liefert sauberen Sonnenstrom nur tagsüber, das Windrad oft in der Nacht oder im rauen Herbst. Ein gasgetriebenes BHKW springt nur an, wenn die Photovoltaik nicht mehr ausreicht oder in der Heizperiode Raumwärme gefordert wird. Manche Brennstoffzellen laufen durch (Grundlast), manche springen nur bei Bedarf oder im Winter ein. Deshalb sind Stromspeicher (Batterien) sinnvoll und wirtschaftlich.

Der Preisverfall der vergangenen Jahre macht die Speicherbatterien zum selbstverständlichen Bestandteil der Haustechnik. Kurzzeitige Bedarfsspitzen lassen sich aus dem Stromnetz versorgen, das in Deutschland flächendeckend zur Verfügung steht. Es wirkt wie eine gigantische Reserve, also eine Superbatterie. Allerdings stellt es keinen Gleichstrom, sondern ausschließlich Wechselstrom mit 220 V (dreiphasig: 400 V) und 50 Hz Netzfrequenz zur Verfügung. Um die Hausbatterie oder das Elektroauto aus dem Netz zu beladen, braucht man also einen Wandler. Und muss den Strom mitunter sehr teuer bezahlen.

1.2.2 Thermische Systeme

Im Unterschied zum elektrischen Strom ist die Wärme ein janusköpfiges Phänomen, dessen exakte physikalische Beschreibung viel schwieriger ist. Gemeinhin wird die Wärme mit Temperatur gleichgesetzt. Die Temperatur bezeichnet die innere Energie eines Körpers. Das stimmt aber nur teilweise, denn die Temperatur eines Raumes ist das Resultat eines Prozesses. Niemals geht die Temperatur der Flamme im Gaskessel an das Heizwasser über, sondern lediglich eine bestimmte Wärmemenge, die aus der Flamme resultiert. Sie richtet sich nach der Temperaturdifferenz zwischen den beiden Stoffen, die Wärme austauschen. Sie richtet sich nach dem spezifischen Speichervermögen der Materialien und nach der thermischen Trägheit des Systems, also den Verlusten beim Wärmeübergang.

Im Wohngebäude wird die Wärme im Wesentlichen für zwei Systeme benötigt: für warmes Trinkwasser (Warmwasser) und Raumwärme, gemeinhin als Heizwärme bezeichnet.

Für Wärme halten wir fest:

1. Wärme gleicht sich stets von einer höheren Temperatur zur niedrigen Temperatur aus, nie umgekehrt.
2. Warme Luft steigt nach oben.
3. Wärmeverluste entstehen durch das Material, das die Wärme überträgt. Je mehr Material verbaut wird, umso träger wird das System, seine Verluste durch Aufwärmen und Entwärmen steigen.
4. Nicht allein die Temperatur ist ein Kennzeichen der Wärme, sondern auch der Wärmestrom, der eine bestimmte Wärmeenergie ins Trinkwasser oder den Raum einbringt. Also redet das Medium der Wärmeübertragung ein gewichtiges Wörtchen bei der Effizienz der Wärmeversorgung mit.
5. Je dichter ein Stoff oder Medium ist, desto mehr Wärme kann er oder es speichern. Allerdings ist auch die thermische Trägheit des Systems von den Eigenschaften des Materials abhängig (Wärmeleitfähigkeit).

Für dieses Buch soll genügen, dass Wärme immer auch Abwärme verursacht, wie Strom. Nur dass die Abwärme aus elektrischen Systemen in der Regel nach außen abgeführt wird, also unter Umständen nutzbar ist. Die Abwärme in wärmegeführten Systemen richtet sich nach innen. Sie ist ein echter Verlust, denn sie entspricht der Wärmemenge, die das wärmeleitende Material aufnimmt, wenn es die Wärme weitergibt. In der herkömmlichen Heizungstechnik werden 1000 °C heiße Gasbrenner eingesetzt, um Heizwasser auf 80 oder 90 °C zu erhitzen. Dieses thermische Potenzial wiederum wird herangezogen, um manche Wohnräume wie das Schlafzimmer auf 18 °C, manche (Kinderzimmer, Wohnstube) auf 22 °C und das Bad auf 23 °C zu erwärmen. Je nach Bauform und Wärmenutzung kommen oft nicht einmal 20 % des Heizwertes aus den Brennstoffen tatsächlich in den Räumen oder im Warmwasser an (Abb. 1.2). Diese Zeiten sind vorbei.

Abb. 1.2: Veraltete Heizkreisverteilung im städtischen Wohnungsbestand. So sieht die Realität in den meisten deutschen Heizkellern aus.

Fakt ist, dass durchgängig alle Heizsysteme mit fossilen Brennstoffen in deutschen Wohngebäuden überdimensioniert sind. Ausgelegt werden sie nach regionalen Spitzenlasten, also Außentemperaturen zwischen –12 und –16 °C. Das heißt, sie laufen – bis auf wenige Tage in besonders strengen Wintern – nur unter ungünstiger Teillast. Teillast wiederum bedeutet, dass der Brennstoff nicht ausgenutzt wird. Der Gebäudenutzer zahlt drauf, obendrein steigen die Emissionen von Kohlendioxid und unverbrannten Kohlenwasserstoffen. Nicht zuletzt werden die Kamine und Schornsteine durch chemische Abprodukte der unvollständigen Verbrennung in Mitleidenschaft gezogen: Ruß, Schwefelsäure, Teer und andere giftige Substanzen (Abb. 1.3).

Abb. 1.3: Fossile Heizkessel sind sehr wartungsintensiv. Bei Gaskesseln müssen die Rauchzüge regelmäßig gereinigt werden.

Abb. 1.4: Gaskessel für ein Mehrfamilienhaus: Er gehört der Vergangenheit an.

Zwar versuchen modulierende Thermen, den Wirkungsgrad ihrer Verbrennungsprozesse zu erhöhen. Auch die Brennwerttechnik ist ein solcher Versuch. Aber aus der Verbrennungstechnik selbst ergibt sich, dass wirklich effiziente Wärmeerzeuger ohne Brennstoffe auskommen – müssen! Womit wir die Technik der Gasthermen und Ölheizungen endgültig beerdigen, nicht nur in diesem Buch (Abb. 1.4).

Zu den thermischen Systemen in einem Wohngebäude gehören (Auswahl):

1. **Die Wärmeerzeuger**
   - Ofen, Therme, Kessel, BHKW mit den Brennstoffen Wasserstoff, Gas, Heizöl oder Holz
   - solare Wärmetechnik (solarthermische Kollektoren),
   - elektrische Verdichtertechnik: Wärmepumpen,
   - elektrische Direktheizung (Gleichstrom oder Wechselstrom).
2. **Die Speicher**
   - Pufferspeicher für Raumwärme (Heizwärme),
   - Speicher für Warmwasser (warmes Trinkwasser),
   - Speichermaterialien (aktive Bauteile).
3. **Die Verbraucher**
   - Großflächige Raumheizsysteme (niedrige Vorlauftemperaturen: Fußbodenheizung, Wandflächenheizung),
   - kleinflächige Raumheizsysteme (hohe Vorlauftemperaturen: Konvektoren, Radiatoren),
   - Zapfstellen für Warmwasser.
4. **Die Wärmeverteilung**
   - Rohrleitungen (Stahl, Kupfer, früher: Blei),
   - Pumpen (Umwälzpumpen zur Speicherbeladung, Pumpen in den Heizkreisen) (Abb. 1.5),

- Zirkulationspumpen für Warmwasser,
- thermische Sicherungen: Membranausdehnungsgefäße,
- Filter, Schlammabscheider, Entlüftungssysteme, Überdrucksicherungen,
- Mischersysteme für warmes und kaltes Wasser (z. B. Drei-Wege-Mischer).

In der Regel gibt es in der klassischen Wärmeversorgung keinen Anschluss an ein flächendeckendes Versorgungsnetz, wie es beispielsweise das Stromnetz darstellt. Ausnahmen bilden lokale Nahwärmenetze oder regionale Versorgungssysteme mit Fernwärme, die vor allem in Städten eine Rolle spielen.

Wichtig ist die Erkenntnis, dass man die Stromversorgung eines Wohngebäudes problemlos ohne separate Wärmetechnik aufrechterhalten kann. Heizwärme und Warmwasser bedürfen jedoch immer auch einer gesicherten Stromversorgung. Die Pumpen und Steuerungen werden elektrisch betrieben. Soll heißen: Wenn die Lichter ausgehen, gehen auch die Heizungen aus. Somit erhöht eine Gasheizung nicht automatisch die Unabhängigkeit. Im Gegenteil: Auf Brennstoffen basierende Feuerungen machen die Endkunden immer abhängig von den Brennstoffmärkten. Das gilt auch für Scheitholz, das herangeschafft werden muss. Mit Photovoltaik, Brennstoffzelle und Kleinwindkraft lässt sich elektrischer Strom ohne Brennstoffkosten erzeugen. Das ist ein starker Anreiz, auch die Heizung auf sauberen Strom umzustellen. Zumal sich Strom im Gebäude besser verteilen und regeln lässt als Wärme. Wärme aus elektrischem Strom zu erzeugen ist ein Beispiel für die Sektorkopplung. Auch die Umstellung von fossilen Verbrennungsmotoren in Fahrgeräten auf Elektroantriebe fällt unter diesen Begriff.

Abb. 1.5: Moderne Umwälzpumpen werden über die Drehzahl geregelt. Mittlerweile sind sie Standard in der Heiztechnik.

Das wird oft übersehen: Die klassische, mit Heizwasser geführte Wärmeversorgung verschlingt Unmengen an metallenen Rohren und Dämmstoffen, um die Wärme in die Räume zu bringen. Doch auch die Metallpreise hängen an den Rohstoffbörsen. So hat sich der Preis für Kupfer in den vergangenen Jahren fast versechsfacht. Der Autor ist sich im Klaren darüber, dass viele Thermiker bei dem Gedanken „Wärme aus Strom" schlaflose Nächte bekommen. Aber Wärme als Form der Energie ist nun einmal – physikalisch und technisch gesehen – viel schwieriger zu beherrschen als elektrischer Strom. Sie durchdringt alle Medien, zwingt zu aufwändiger Dämmung, um die Verluste zu senken. Wärme lässt sich nur mit einem enormen Materialaufwand technisch verteilen. Dabei ist es nicht das Heizwasser, das uns Sorgen macht. Sondern das Kupfer, der Stahl und die mechanischen Pumpen, um es zu bewegen. Wärmeströme brauchen Materialströme, während der elektrische Strom nur die winzigen Elektronen in Bewegung setzt. Mit einfachen Metalldrähten (Kabeln) kann man ihn überallhin verlegen, nahezu ohne Verluste. Strom lässt sich beliebig in Wärme umwandeln, die Heizwärme eines Pufferspeichers aber nicht in Strom. Die entscheidende Frage ist lediglich: Wie viel Emissionen verursacht dieser Strom bei seiner Erzeugung? Und welche Kosten, um ihn zu speichern?

1.2.3 Versorgung mit Wasser

Wasser ist kostbar, denn es ist ein Lebensmittel. Trinkwasser unterliegt sehr strengen hygienischen Vorschriften. Gemeinhin werden alle im Wohngebäude genutzten Wasser als Trinkwasser deklariert. Ausnahmen bildet Wasser, das beispielsweise für die Blumen im Garten genutzt wird. Auch das Spülwasser für die Toilette kann ein gereinigtes Abwasser oder Regenwasser sein. Für die Zapfstellen im Bad und in der Küche gilt: Trinkwasser muss sauber sein, die entsprechenden Vorschriften sind unbedingt einzuhalten.

Betrachtet man das Gebäude und sein Grundstück als Einheit, gehört die Nutzung von Niederschlagswasser unbedingt in die Analyse der Möglichkeiten hinein. Über Dachrinnen und Regentonnen lässt es sich gut sammeln, das ist seit Jahrhunderten gängige Praxis.

Auch für die Wasserversorgung stellen wir einige Postulate auf, die grundsätzlich sind:

1. Wasser ist nicht gleich Wasser. Trinkwasser im Sinne der einschlägigen Vorschriften darf nicht mit anderen Wässern (zum Beispiel Heizwasser, Regenwasser) gemischt werden. Wenn man es mischt, ist es kein Trinkwasser mehr.
2. Dem folgt, dass Systeme zur Trinkwasserversorgung stets physisch von anderen Wassersystemen (Spülwasser, Gartenbewässerung) zu trennen sind. Die Übertragung von Abwärme aus genutztem Warmwasser ist jedoch in geschlossenen thermischen Kreisläufen ohne Stoffaustausch möglich.
3. Erzeugt man seinen Strom oder seine Heizwärme selbst, kann man die Energiekosten drücken. Wasser lässt sich nur mit aufwändigen Brunnen auf dem Grundstück heben. Deshalb ist der Anschluss an die regionale Wasserversorgung in der Regel der bessere Weg.
4. Mittlerweile ist Abwasser fast teurer als Frischwasser. Deshalb sind Maßnahmen zur Senkung der Abwassermengen zu prüfen.
5. Der Wasserbedarf hängt kaum vom energetischen Zustand des Gebäudes ab. Dafür sind vor allem die Gewohnheiten der Gebäudenutzer verantwortlich. Vor allem der Bedarf an Warmwasser lässt sich nur durch detaillierte Nutzerprofile ermitteln.
6. Nicht nur für den Menschen bedeutet Wasser Leben, auch für alle anderen Lebewesen. Also tummeln sich in jedem Tropfen Millionen Mikroben. Je länger und wärmer Wasser in einem Rohrstück steht (stagniert), desto freudiger vermehren sich die Keime.

7. Stagnierende und warme Wasservolumina sind zu vermeiden. Das gilt auch für Warmwasserspeicher. Sie sollten nach Möglichkeit von Frischwasserstationen oder Durchlauferhitzern abgelöst werden.

1.2.4 Das Elektromobil vor der Haustür

Moderne Menschen sind mobil. Von Kindesbeinen an sind sie mit Rollern, Fahrrädern und Autos unterwegs, nutzen Fahrstühle oder Mopeds. Im Alter kommen Treppenlifte hinzu. In der Freizeit spielen kleine Spezialfahrzeuge wie mobile Rasenmäher eine Rolle. Und immer befinden sich die Gefährte(n) in unmittelbarer Reichweite: auf dem Parkplatz am Haus, in der Garage, im Abstellraum für die Gartengeräte.

Das hat Konsequenzen: Garagen benötigen Lüftungssysteme. Für die Aufbewahrung von Sprit braucht man geruchsfeste Räume, die obendrein brandsicher sein sollen. Die belüftete Garage stellt energetisch nicht selten ein Problem dar, gehört sie doch meistens nicht zu den Wohnräumen, die innerhalb der thermischen Hülle liegen. Der kleine Benzinstinker macht dann doch zu viel Dreck, um ihn im Wohnzimmer unterzubringen. Deshalb sind die Wände der Garage separat zu dämmen, der Brandschutz verursacht Kosten.

Mit der Elektromobilität werden auch die Fahrzeuge sauber. Und sie haben ihre Tankstelle direkt am Haus: für die Pedelecs der Kids oder Papas Elektroflitzer. In der Strombilanz eines Wohnhauses spielen die Batterien der Elektrofahrzeuge eine wesentliche Rolle, entlasten sie doch die stationäre Batterie für den Solargenerator. Auf diese Weise gehört auch die Elektromobilität zu modernem Wohnkomfort. Bei der Auslegung der Gebäudeelektrik braucht die Ladedose in der Garage entsprechende Leistung, um kurze Ladezeiten zu ermöglichen. Denkbar ist sogar, die Fahrzeuge mit mehreren Batterien zu betreiben. Eine oder zwei Batteriesätze liegen zur Aufladung bereit, der dritte arbeitet im Fahrzeug. Bei Bedarf wird lediglich die Batterie gewechselt, also Ladevorgang und Stromangebot vom Solardach entkoppelt.

Kritiker werden sagen: Jaja, die Elektromobilität, die steht ja noch am Anfang. Das stimmt. Doch wer heute ein Wohngebäude baut oder saniert, hat die nächsten Jahrzehnte im Blick. Die Entwicklung der Wärmepumpen, der Photovoltaik und der LED hat gezeigt, wie schnell sich alteingesessene Technologien verändern oder wie schnell sie verdrängt werden. Und mit den in der elektrischen Hausversorgung üblichen Stromstärken von 16 oder 20 A kann man schon ordentlich Leistung ins Elektroauto schieben, beispielsweise tagsüber vom Solardach oder über Nacht aus dem Solarstromspeicher.

1.3 Auf Kosten unserer Umwelt

Hoher Wohnkomfort wird nicht durch wohlige Wärme oder die Allverfügbarkeit von sauberem Trinkwasser allein erreicht. Modernes Lebensgefühl braucht Licht, vorzugsweise helles, sonniges Tageslicht. Es braucht saubere, sauerstoffreiche Luft, braucht Freiräume, also den großzügigen Zuschnitt der Wohnräume.

Aus Gründen der lebensnotwendigen Wärmeversorgung im Winter nahmen die Menschen jahrhundertelang Kompromisse in Kauf: Kleine Fenster senkten die Wärmeverluste der beheizten Räume.

Aber sie waren dunkel, vor allem in den sonnenschwachen Monaten. Die Schlote der Kamine und Kessel brachten üble Gerüche ins Heim und in die Umwelt. Das Treibhausgas Kohlendioxid ist unsichtbar, man kann es nicht riechen. Aber Schwefeloxide und teerhaltige Abprodukte der Verbrennungstechnik können die Nase empfindlich stören. Erdgas als Brennstoff ist an sich ein Risiko, weil es brennbar und explosiv ist (Abb. 1.6). Jedes Jahr sterben in Deutschland Dutzende Menschen, weil die Gastechnik defekt ist. Heizöl stinkt und verursacht giftige Leckagen in den Tanks. Bleiben sie unentdeckt, drohen enorme Schäden aus der Vergiftung des Bodens, von den Gefahren für das Trinkwasser ganz zu schweigen. Zudem verursachen die klassischen Heizsysteme erheblichen Lärm und übertragen Schwingungen auf den Baukörper.

Abb. 1.6: Erdgas im Wohngebäude ist ein Risikofaktor und treibt die Energiekosten

Saubere, unbelastete Raumluft ist zur Gesunderhaltung der Bewohner unerlässlich. Deshalb kommt der Wohnraumlüftung zentrale Bedeutung zu. Auch Lärmquellen wie Brenngeräte (Brennerstarts!) oder unzureichend abgeglichene Heizwassersysteme werden rar. Dagegen steigt die Bedeutung der elektromagnetischen Verträglichkeit (EMV). Denn vor allem die Wechselfelder aus der Stromversorgung wirken auf den menschlichen Organismus zurück.

Kluge Wohnkonzepte bringen Licht, Wasser, Luft, Wärme und elektrischen Strom in einen Zusammenhang. Daraus ein Minimum zu bilden, oder besser gesagt: das Optimum für höchsten Wohnkomfort – das ist die hohe Kunst des Planers und des Architekten.

Nicht die Technik steht im Mittelpunkt, sondern der Mensch, die Bewohner, die Familie. Von ihnen müssen alle Konzepte und Analysen ausgehen. Danach geht es um das Grundstück, das zur Verfügung steht und schließlich um das Gebäude, in dem er hausen will. Viele Jahre lang, zu möglichst geringen Kosten. Und mit möglichst geringen Emissionen, Abfall, Gestank, Lärm und – finanziellen Sorgen.

2 Die Ansprüche der Bewohner

Alles, was der Planer vorschlägt und die Installateure bauen, sollte diesem Ziel dienen: zufriedene Bewohner. Doch manchmal haben die Installateure eher das Interesse, möglichst viele Rohre zu verlegen und möglichst teure Technik zu verbauen. Und es kommt vor, dass Planer lieber ihre Steckenpferde reiten, als ihre Auftraggeber umfassend zu beraten. Denn zu oft wird in der Debatte um energieeffiziente Gebäude und Haustechnik vergessen, dass in den Häusern lebendige Menschen wohnen, gelegentlich auch Tiere. Jeder Mensch hat Gewohnheiten und Bedürfnisse, wobei die Sache mit wachsender Anzahl der Bewohner eines Gebäudes immer komplexer wird. Sehr oft haben die Eigentümer der Gebäude schon sehr konkrete Vorstellungen über ihr künftiges Heim. Das kann eine Herausforderung sein, weil nicht selten Halbwissen zutage tritt. Wirklich gute Beratung mündet in verschiedene Szenarien für Gebäude, Systemtechnik und Investitionen, in denen sich die Bewohner unbedingt wiederfinden müssen. Sonst sind Frust und Ärger programmiert. Ziele der Bewohner für ihren Neubau oder die Modernisierung können sein:

Ökologische Ansprüche:

- möglichst hohe Einsparung an Kohlendioxid,
- möglichst vielfältiger Einsatz von erneuerbaren Energien,
- Stille.

Wünsche nach Autonomie:

- möglichst weitreichende Unabhängigkeit von Brennstofflieferanten und Stromversorgern,
- hohe Versorgungssicherheit aus eigenen Ressourcen (Abb. 2.1).

Rechtliche Vorgaben:

- den Anforderungen des Gebäudeenergiegesetzes (GEG) genügen,
- die Anforderungen des GEG und der Bauvorschriften unterschreiten.

Finanzielle Ziele:

- möglichst geringe Investitionskosten (Low Budget),
- möglichst geringe Betriebskosten der neuen oder sanierten Gebäude (Abb. 2.2),
- möglichst die Vorgaben für Kredite erreichen (z. B. KfW),

- solide Grundausstattung mit der Option einer späteren Erweiterung,
- technische Bestandsanlagen integrieren,
- Modernisierung in mehreren Schritten.

Abb. 2.1: Bei kleinen Wohngebäuden spielen Solarthermie und Photovoltaik bereits eine herausragende Rolle

Abb. 2.2: Auch im kommunalen Bestand in den Städten gewinnt die Photovoltaik zunehmend an Boden. Sie bietet die Chance, die Wohngebäude zumindest teilweise mit preiswertem und sauberem Solarstrom zu versorgen.

Letzteres umfasst die Planung der einzelnen Abschnitte eines Konzeptes in Bauphasen nebst Schritten zur Finanzierung. Die Schritt-für-Schritt-Methode ist für die Modernisierung interessant, weniger für den Neubau. Am Anfang stehen geringinvestive Maßnahmen und die anlagentechnische Optimierung, beispielsweise durch Sonnenenergie und Pufferspeicher. Es folgt die energetische Verbesserung der thermischen Hülle (Dämmung, Fenster, Türen). Danach wird die Anlagentechnik (Wärmeerzeuger, Lüftungsanlage) auf die neuen Bedarfswerte angepasst bzw. erneuert.

Bevor wir uns die Rolle der Bewohner bei der Planung des Gebäudes detailliert anschauen, seien kurz einige Leitlinien definiert. Sie gelten als Handlungsmaxime, vor allem, wenn sich zur Lösung eines Problems mehrere Alternativen anbieten.

1. Je mehr Technik in einem Gebäude steckt, desto teurer ist sein Betrieb. Deshalb sind vorzugsweise Lösungen zu suchen, die ohne Technik auskommen, also ohne den Einsatz von Hilfsenergie. Gute Planer sind Minimalisten.
2. Natürlichen Systemen bei der Wärmeübertragung oder Lüftung ist der Vorrang zu geben vor technischen Lösungen.
3. Das Versorgungskonzept eines Wohngebäudes muss veränderbar sein. Denn im Laufe der Jahre verändern sich die Bedürfnisse der Bewohner.
4. Die Bewohner sind umfassend zu beraten und in die Entscheidungsfindung für das technische Versorgungskonzept sowie geplante Maßnahmen einzubeziehen.
5. Der Mensch ist ein fühlendes, sinnliches Wesen. Das ist bei der Auslegung der elektrischen Anlage (EMV), der Wärmeversorgung (Heizung, Warmwasser) und der Lufthygiene (kontrollierte Wohnraumlüftung) unbedingt zu beachten.
6. Ein gut geplanter und sorgfältig errichteter Neubau oder ein saniertes Bestandsgebäude sind still. Die Technik wirkt (nahezu) lautlos im Hintergrund. Und sie sind sauber, also ohne Abgase, Stäube und Ausdünstungen.
7. Die Planung muss das Budget der Bauherrenschaft im Auge behalten. Zur technischen Planung gehören immer auch eine Planung der Investitionen sowie die Darstellung von Alternativen. Nicht jede sinnvolle Maßnahme muss sofort erledigt werden. Zunächst beginnt man mit geringinvestiven Maßnahmen, die den höchsten Effizienzgewinn versprechen. Danach wird investiert und umgebaut.

2.1 Anforderungen an den Wärmekomfort

Frauen empfinden anders als Männer, Kinder anders als ihre Eltern. Leben die Großeltern mit im Haus, werden die Anforderungen noch vielschichtiger (Stichwort: Barrierefreies Wohnen).

Bei der Festlegung der Wohnzimmer, Schlafzimmer, Kinderzimmer, Küchen, Bäder und gemischten Bereiche sind die Bewohner einzubeziehen. Die spätere Nutzung ist festzulegen, wohl wissend, dass sich die Aufteilung der Räume im Laufe der Jahre ändern kann. Kleine, enge Räume gehören der Vergangenheit an. Großzügige Funktionsbereiche mit großen transparenten Flächen entsprechen dem Lebensgefühl unserer Zeit. Jeder dieser Bereiche bildet eine thermische Einheit, der man eine bestimmte Raumtemperatur zuweisen kann. Zu beachten ist, dass sich aus der Raumnutzung interne Wärmequellen ergeben können, die permanent Energie in den Raum eintragen. Dazu gehören beispielsweise Leuchtmittel, Computer oder Bildschirme. Auch die physische Aktivität der Bewohner selbst ist nicht zu unterschätzen. In Ruhe leistet das biologische Heizwerk im Menschen immerhin 80 W, in Bewegung und beim Sport bis zu 120 W.

Wichtig sind die Empfindungen für Wärme. Heizsysteme mit hohen Temperaturen wie Luftheizungen (bis 70 °C im Vorlauf) oder wassergeführte Radiatoren (bis 85 °C im Vorlauf) werden als problematisch bewertet (Abb. 2.3). Denn im Winter bilden sie aufwärts gerichtete Luftsäulen, die am Boden einen Kaltluftsee nach sich ziehen. Die Wärme staut sich unter der Raumdecke, die Füße aber bleiben kalt. Während der Kopf zu viel Wärme meldet (das Gehirn ist besonders anfällig gegen zu viel Wärme), signalisieren die Füße eine Eiszeit. Die Folge sind chronische Erkältungskrankheiten und Kopfschmerzen. Hinzu kommt, dass die aufsteigende Warmluft feine Stäube mit sich reißt. Bei hohen Vorlauftemperaturen verschwelt der Staub, macht sich als unangenehme Belastung der Raumluft bemerkbar. Für Allergiker wird die gut gemeinte technische Lösung zur höllischen Falle. Hinzu kommt, dass sich hohe Vorlauftemperaturen von mehr als 55 °C nur mit Verbrennungstechnik erreichen lassen, also Erdgas oder Heizöl (Abb. 2.4 und 2.5).

Abb. 2.3: Typische Einbausituation von Radiatoren im Wohnraum: Die Wärmeabstrahlung wird behindert, die Kosten steigen

Abb. 2.4: Ausrangierter Gliederheizkörper aus Stahlguss: Zeuge aus der Zeit des Wirtschaftswunders

Abb. 2.5: Vorlauf und Rücklauf: Aus der Temperaturdifferenz ergibt sich die Spreizung im System

In modernen Wohngebäuden sollten nur solche Wärmeübertragungssysteme zum Einsatz kommen, die mit niedrigen Heiztemperaturen fahren. Dazu gehören großflächige Fußbodenheizungen, Heizflächen für die Wände oder spezielle Bauformen für Sockelleisten. Im Neubau sind sie problemlos verwendbar, weil bei der Planung ausreichend Spielraum für solche Systeme besteht (Abb. 2.6). Solche Heizflächen lassen sich elektrisch oder hydraulisch (mit Heizwasser) versorgen. In der Modernisierung geht es meist darum, die alten Hochtemperatursysteme zu ersetzen. Dort muss es zunächst gelingen, die Systemtemperaturen in den Heizkreisen unter 55 °C zu drücken (Abb. 2.7, Abb. 2.8) Gegebenenfalls ist die Vergrößerung der Heizflächen erforderlich. Manchmal genügen schon der Einbau neuer Fenster und geschickte Dämmung, um die Energieverluste soweit zu drücken, dass geringere Heiztemperaturen ausreichen. Dazu an späterer Stelle mehr.

Abb. 2.6: Moderne Steuerung der Raumtemperatur in einer Wohneinheit

Abb. 2.7: Einbau eines Plattenheizkörpers unter dem Fenster im Wohnzimmer

Abb. 2.8: In dieser Nische verschwindet der kleine Heizkörper nahezu. Moderne Wärmesysteme lassen die Radiatoren schrumpfen – oder sie verschwinden gänzlich.

Früher wurden die Heizkörper unter die Fenster gehängt, um abfallende Kaltluft aufzufangen und zu erwärmen. Wenn man sich vom Konzept der Heizkörper mit hohen Vorlauftemperaturen verabschiedet, gewinnt man eine erstaunliche Gestaltungsfreiheit. Dann können die Bewohner mitentscheiden, wo die Wandheizfläche hängen soll. Ähnlich, wie sie bei der Positionierung der Steckdosen oder der Fenster mitreden. Das ist mindestens so wichtig, wie die Farbe und Geometrie der Fliesen im Bad.

2.2 Bedarf an kaltem und warmem Trinkwasser

Von den Bewohnern und ihren Bedürfnissen hängt auch die Versorgung mit kaltem Frischwasser sowie mit Warmwasser ab (Abb. 2.9). Kaltwasser wird über die regionalen Wasserbetriebe bezogen, über Zuleitung zum Gebäude mit Kaltwasserzähler. Weil die Wasserkosten in den vergangenen Jahren sprunghaft angestiegen sind, gehen die Leute sparsamer mit Wasser um. Das ist kein schlechter Trend. Grob überschlägig kann man mit 70 Litern Kaltwasser pro Person und Tag rechnen.

Abb. 2.9: In unserem Land gehört die ständige Verfügbarkeit von kaltem und warmem Trinkwasser zum Lebenskomfort hinzu. Dadurch ergeben sich hohe Ansprüche an die Anlagenplanung.

Ist eine Gewerbeeinheit oder eine weitere Wohneinheit mit nennenswertem Eigenverbrauch integriert, sollten sie eigene Kaltwasserzähler haben. Das erleichtert die Abrechnung der Wasserkosten, die erfahrungsgemäß einen beträchtlichen Teil der Betriebskosten ausmachen. Auch Abwasser wird meist über den Bezug von Kaltwasser berechnet. Außerdem sollte in der Zuleitung des Kaltwassers ein Schlammabscheider eingebaut sein, falls erforderlich. Über zwei Manometer lässt sich der Zustand des Abscheiders leicht ermitteln, der Druckabfall davor und danach zeigt den Füllgrad und den Austauschbedarf an. Solche Systeme sind auch bei wasserführenden Heizsystemen empfehlenswert, wo sich Rost oder andere Abprodukte der Korrosion im Heizwasser sammeln und die Rohre zusetzen.

Gelegentlich verfügen Wohngebäude über eigene Brunnen, vor allem in ländlichen oder bergigen Regionen. Die Wasserbrunnen sind so auszulegen, dass der Bedarf der Bewohner ausreichend gedeckt wird, ohne den Wasserhaushalt der Umgebung zu gefährden. Für das Versorgungskonzept sind die Förderpumpen und Förderleitungen wichtig. Auf regionale Besonderheiten in der Zusammensetzung des Wassers ist zu achten, weil es unter Umständen sehr korrosiv wirken kann. Das Problem wird uns später bei den Wasser-Wasser-Wärmepumpen noch einmal beschäftigen. Offene oder geschlossene Brunnen müssen regelmäßig auf die hygienische Qualität des Wassers überprüft werden. Auch sind die Reservoire gegen Trockenfallen zu sichern, beispielsweise in sehr heißen, niederschlagsarmen Sommern. Sonst saugt die Pumpe Sand und Schmirgel ein, das Aggregat wird zerstört.

Warmwasser ist stets eine Teilmenge des bezogenen Kaltwassers. Der Bedarf hängt davon ab, wie viele Bewohner im Haus leben, wie oft sie duschen, baden oder sich die Hände waschen. Weil dafür in der Regel Warmwasser veranschlagt wird, kann man mit einem überschlägigen Wert von 12,5 kWh pro m² Nutzfläche als Richtwert rechnen. Allerdings markiert dieser Wert erfahrungsgemäß die oberste Grenze. Bei einer Wohnfläche von 150 m² und vier Personen im Haushalt ergeben sich im Jahr rund 1875 kWh, um warmes Trinkwasser zu bereiten. Jeden Tag sind das etwas mehr als 5 kWh.

Neben der Zahl und den Bedürfnissen der Bewohner spielen die Ausstattungen der Wohnungen eine wesentliche Rolle. Eine Wohnung mit vier Räumen, einer Badewanne, einem Waschbecken und der Küchenspüle braucht rund 6 kWh pro Tag für Warmwasser. Zusätzliche Waschbecken oder Duschen erhöhen erfahrungsgemäß den Bedarf. Denn die technische Anlage muss diese Zapfstellen mitversorgen, egal, ob sie jemals gebraucht werden. Deshalb erhöht die Zahl der Zapfstellen immer den Bedarf und den Aufwand, aber nicht unbedingt den gesamten Wasserverbrauch im Haus. Das heißt im Umkehrschluss: Je weniger Zapfstellen, desto effizienter ist die Anlage, weil Bedarf und Verbrauch an allen Zapfstellen weitgehend übereinstimmen. Befinden sich hingegen viele Zapfstellen im Haus, ist der anlagentechnische Aufwand größer. Obwohl die einzelnen Zapfstellen vielleicht nur wenig genutzt werden, ihr tatsächlicher Verbrauch also sehr gering ist (Abb. 2.10).

Abb. 2.10: Beispiel für eine Einbauküche: Die Geräte erhöhen den Bedarf an Wasser und Strom

Legt man eine Zapftemperatur von 45 °C zugrunde, kann man pro Person und Tag zwischen 40 und 50 Liter veranschlagen. Der Warmwasserspeicher, sofern vorhanden, sollte deutlich größer sein als eine Füllung der Badewanne. Vor allem, wenn die thermische Beladung Zeit braucht (solare Trinkwassererwärmung oder Wärmepumpen), sind mindestens 200 oder besser 300 Liter sinnvoll.

Viel besser ist es, den tatsächlichen Bedarf an Warmwasser in einem Nutzerprofil zu ermitteln. Auch elektrische Geräte wie Waschmaschinen oder Geschirrspüler brauchen warmes Wasser, das sie gewöhnlich elektrisch erhitzen. Eine Alternative ist solarthermisch vorgewärmtes Wasser, zumindest im Sommer. Noch einfacher: Die Waschmaschine läuft mit Sonnenstrom und wird auf die Mittagszeit programmiert. Das erledigt jeder bessere Energiemanager, manchmal genügt eine Zeitschaltuhr. Dann wird die Ertragsspitze der Photovoltaikanlage direkt genutzt, um die Wäsche zu waschen und das Geschirr zu spülen. Im Einfamilienhaus lässt sich das Nutzerprofil meist sehr gut erstellen. Im Mehrfamilienhaus sind präzise Daten eigentlich nur erfassbar, wenn es Wärmemengenzähler und Wasseruhren für das warme Wasser gibt.

Aus dem Nutzerprofil leitet sich ab, wie Warmwasser bereitet und vorgehalten wird. Welche Temperatur es benötigt, hängt hingegen nicht von den Bewohnern ab. Um Fett in der Küchenspüle zu lösen, braucht man 44 °C. Hochgerechnet über den Wärmetauscher einer Frischwasserstation braucht der Pufferspeicher demnach eine Temperatur von unter 50 °C (Grädigkeit von 3 K: 47 °C). Nutzt man Speicher mit 60 oder gar 80 °C als Wärmequelle, muss man die Warmwassertemperatur an der Zapfstelle durch beigemischtes Kaltwasser absenken. Sonst verbrühen sich die Bewohner ihre Finger. Das ist energetisch natürlich Unsinn: Erst teuer aufheizen, dann teuer abkühlen. Zum Baden und Duschen genügen 38 °C.

Sehr effizient ist es, das Wasser unmittelbar vor der Nutzung und möglichst nahe bei der Zapfstelle zu erwärmen, und zwar auf die gewünschte Temperatur. Elektrische Boiler mit kleinem Speichervolumen oder elektrische Durchlauferhitzer sind die erste Wahl. Allerdings benötigen Durchlauferhitzer je nach Schüttmenge pro Minute kurzzeitig eine relativ hohe elektrische Leistung. Wassersparende Armaturen sind also eine Selbstverständlichkeit.

Im Unterschied zur Raumwärme wird Warmwasser während des gesamten Jahres benötigt, auf annähernd gleichem Niveau. Raumwärme wird nur in der Heizperiode abgefordert.

Grundsätze der Versorgung mit Wasser sind:

1. Kaltwasser sollte möglichst nicht in größeren Volumina stagnieren. Lange Rohrwege oder tote Rohrstücke sind zu vermeiden.
2. Warmwasser sollte möglichst nah an der Zapfstelle und nur bei unmittelbarem Bedarf erwärmt werden. Das vermeidet stagnierende Warmwassermengen und Energieverluste bei der Bevorratung.
3. Wenn die stagnierende Wassermenge in den Zuleitungen oder im Speicher 3 Liter übersteigt, braucht die Warmwasseranlage einen Legionellenschutz. Dann ist sie regelmäßig auf 65 °C aufzuheizen. Das kostet richtig Energie (Geld), deshalb sind dezentrale Systeme zur Warmwasserbereitung zu bevorzugen.
4. Warmwasserbereitung und Raumheizung sind unbedingt technisch zu trennen. Denn Warmwasser wird ganzjährig benötigt, die Heizung nur in der kalten Jahreszeit.

Noch immer geistert unter Planern und Installateuren das Gespinst der eierlegenden Wollmilchsau, das heißt, der Heiztechnik, die Warmwasser nebenbei mit erzeugt. Zu Zeiten des Wirtschaftswunders bis in die 90er Jahre hinein mochte diese Philosophie noch gelten. Man warf den Brenner an, um sich die Hände zu waschen. Mittlerweile sind Brennstoffe und Energie viel zu kostbar, um sie derart zu verschwenden. Wenn man die Warmwasserbereitung von der Versorgung der Raumwärme trennt, bleibt die Heizung während der warmen Monate bis weit in die Übergangszeit hinein ausgeschaltet. Dadurch sinkt nicht nur der Verbrauch an Brennstoffen, sondern auch der Wartungsaufwand für die Thermen und Kessel, der sich nach der Anzahl der Brennerstarts richtet. Die Lebensdauer der Geräte steigt. Dezentrale oder zentrale Warmwassersysteme lassen sich bedarfsgenau mit Sonnenenergie speisen, thermisch oder elektrisch (Abb. 2.11). Auch spezielle Wärmepumpen für Warmwasser sind am Markt erhältlich.

Auf der anderen Seite kann man das Versorgungssystem für die Raumwärme auf diese Aufgabe beschränken, also viel kleinere thermische Heizleistungen ansetzen. Gut gedämmte Gebäude mit großzügigen Mehrfachverglasungen brauchen nur noch sehr wenig Raumwärme, die eine Wärmepumpe problemlos aufbringen kann. Dagegen steigt die Bedeutung der Warmwasserversorgung, wo innerhalb weniger Stunden mehrere hundert Liter Badewasser bereit stehen müssen, etwa am Samstagnachmittag oder am Abend. Regelungstechnisch geht es um völlig verschiedene Systeme, die man nicht mit einer einzigen Wärmequelle versorgen sollte. Der Zwitter, der dabei herauskommt, erfüllt beide Aufgaben nur halb. Dann erkauft sich der Betreiber der Anlage die Versorgungssicherheit mit unnötigen Energieverlusten, sprich: Geld.

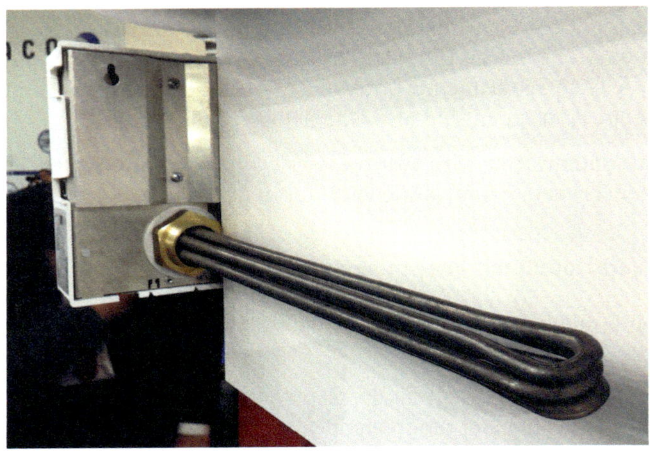

Abb. 2.11: Mit diesem Heizstab (PV-Heater) lässt sich Sonnenstrom für Warmwasser nutzen: Er wirkt wie ein Tauchsieder, der im Warmwasserspeicher sitzt.

Aus der räumlichen Aufteilung eines Wohnhauses mit seinen Funktionsbereichen ergeben sich die Anordnung der Zapfstellen und ihre Verrohrung. Warmes Trinkwasser führende Leitungen sollten möglichst kurz und gerade sein, um stagnierende Areale zu vermeiden. Sie sind gut zu dämmen, um Wärmeverluste aus dem wertvollen Warmwasser zu vermeiden.

Ein Sonderfall in der Warmwasserversorgung ist die Sauna. Der Planer freut sich über diesen Wunsch seines Bauherrn, der sich leicht erfüllen lässt. Eine auf dem Grundstück freistehende Sauna kann man autark betreiben, traditionell mit Scheitholz oder mit elektrischer Dampferhitzung. Lediglich ein Kaltwasseranschluss wird benötigt. Ist die Sauna Teil des Badebereiches im Gebäude, kann man sie durchaus an die Warmwasserversorgung anschließen.

Etwas größer als die Sauna sind das kleine Schwimmbad im Keller oder der beheizte Pool im Garten. Sie eignen sich hervorragend als Speicher für Solarenergie (in der Übergangszeit und im Winter).

2.3 Frischluft und Abluft

Menschen atmen. Das sollte eine Binsenweisheit sein, ist es aber nicht. Denn unter Planern und Architekten ist die Ansicht erschreckend verbreitet, dass Wohngebäude dicht sein müssen. Dafür gibt es eine Reihe von technischen Vorschriften und Normen, auch Testverfahren wie der Blower-Door-Test wurden entwickelt.

Dass Wohngebäude möglichst luftdicht sein müssen, hat mit der Wärme zu tun, die unweigerlich durch Spalte und Ritzen ihren Weg ins Freie findet. Wärmeverluste durch gewollte und unfreiwillige Lüftung sowie durch den Wärmeübergang am Dach, im Keller und den Außenwänden (thermische Hülle) ergeben den Bedarf an Raumwärme, den die Heizungsanlage decken muss.

Der Wille, die energetischen Verluste zu reduzieren, ist verständlich. Luftdichte Wohnhäuser zu bauen, geht an der Aufgabe dieser Gebäude jedoch völlig vorbei. Daran ändern auch Systeme zur kontrollierten Wohnraumlüftung nichts. Denn ihre Ventilatoren schlucken ebenfalls Energie, der Einbau der Lüftungskanäle auch. Hinzu kommen die Wartung der Gebläse, der Filter und die schleichende Verkeimung der Lüftungskanäle, was sich durchaus negativ auf die Qualität der Raumluft im Gebäude auswirken kann (Abb. 2.12). Manchmal reichen konstruktive Zwangslüftungen in den Fenstern aus, um einen gewissen Schutz gegen zu geringen Luftwechsel zu schaffen. Denn klar ist, dass ausreichender Luftwechsel gewährleistet werden muss. Nicht nur, um die Bewohner mit Frischluft zu versorgen, sondern auch, um die Bausubstanz vor Taubildung und Schimmel zu schützen (Abb. 2.13, 2.14 und Abb. 2.15).

Abb. 2.12: Diese Lüftungsanlage befindet sich unter dem Dach einer Reihenhaussiedlung

Abb. 2.13: Dieses sanierte Wohngebäude in Mannheim wird durch Außenwanddurchlässe gelüftet, die unscheinbar in der Fassade verschwinden

Abb. 2.14: Abluftgitter mit Filter im Bad eines Wohnhauses

Grundsätze der Lüftung sind:

1. Großzügige Fensterflächen laden zur Fensterlüftung ein. Sie versprechen nicht nur Frischluft, sondern auch Tageslicht.
2. Ein Gebäude wird von atmenden Wesen bewohnt. Luftdichte Bauweise ist zwar konform mit der Normung, sollte aber nicht Endzweck sein. Entscheidend ist es, den baulichen Feuchteschutz zu sichern. Dafür bieten sich Systeme zur kontrollierten Wohnraumlüftung an – als letztes Mittel der Wahl.
3. Mit Feuchte belastete Räume (Küche, Bad, Werkstatt im Keller) ohne Fenster benötigen eine kontrollierte Lüftungsanlage.
4. Die Fenster sind so anzuordnen, dass Querlüftung möglich ist.
5. Räume mit besonders hohem Lüftungsbedarf: Wohnzimmer, Schlafzimmer, Kinderzimmer, Küchen und Bäder.

Das Lüftungskonzept wird wie das thermische Versorgungskonzept und die Gebäudeelektrik nach Absprache mit den Gebäudenutzern erstellt. Diese drei Konzepte greifen ineinander über. So erlauben moderne Lüftungssysteme, die wertvolle Wärme in der Abluft wiederzugewinnen und auf die Zuluft zu übertragen. Das spielt im Winter eine Rolle, im Sommer eher nicht. Im Sommer oder im Herbst ist die Fensterlüftung in der Regel kein Problem.

2.4 Stromversorgung und Licht

Die Bewohner des Gebäudes sollten auch bei der elektrischen Versorgung mitreden. Die alte Glühlampe stirbt aus, LED eröffnen völlig neue Möglichkeiten. Auch wird es im Haus je nach Bedarf spezielle Funktionsbereiche geben, wo mehrere Steckdosen benötigt werden. Die Ausstattung des Kellers oder des Haustechnikraums, der Werkstatt oder einer integrierten Gewerbeeinheit im Wohngebäude spielt eine Rolle. So verfügen moderne Büros über eine IT-Ausstattung, die mitunter erhebliche Wärme abstrahlt. Diese internen Gewinne wirken sich unmittelbar auf den Heizwärmebedarf des Raumes aus. Man kann die Wärmeverteilung aus der Heizungsanlage in die Sockelleisten verlegen. Am Wochenende und nachts wird die Wärmezufuhr abgeregelt, weil das Büro unbenutzt bleibt. Anbauten wie die Garage oder eine Werkstatt werden unter Umständen mit Kraftstrom (dreiphasig, 400 V) ausgestattet, sie erhalten spezielle Schalter und Dosen.

Wesentlich ist die Frage, ob Server oder Kommunikationstechnik eine unterbrechungsfreie Stromversorgung (USV) benötigen, im Volksmund als Notstrom bezeichnet. Dann braucht das Gebäude einen Generator oder eine ausreichend große Batterie, um den Ausfall des Stromnetzes zu überbrücken. Dafür bieten sich photovoltaische Systeme und Brennstoffzellen an. In bestimmten Regionen spielt der Schutz vor Überflutung eine wichtige Rolle. In diesem Fall gehören die Pufferbatterien unters Dach.

Aus dem Strombedarf und der elektrischen Ausstattung ergeben sich Konsequenzen, den Brandschutz und den Blitzschutz betreffend. Einfamilienhäuser müssen keinen separaten Blitzschutz aufweisen, kommunale Wohnbauten in jedem Fall. Wer sein Eigentum und seine Investition absichern will, sollte immer auf ordnungsgemäße Schutzsysteme achten. Spätestens beim Einsatz von Solartechnik auf dem Dach sind sie zwingend notwendig.

Generell gilt:

1. Die elektrischen Verbraucher sind soweit abzuspecken, wie es die Ansprüche an den Wohnkomfort erlauben. Gegebenenfalls sind Reserven einzuplanen, vor allem bei der Leitungsführung und Verkabelung im Gebäude. Sie kann man später nur mit hohem Aufwand erweitern.
2. Elektromagnetische Wechselfelder in Kinderzimmern und Schlafzimmern sind zu minimieren.
3. Steckdosen, Zähler, Schaltschränke und Sicherungen müssen leicht zugänglich sein, ebenso Verteilerdosen und Deckenkontakte für die Leuchtmittel.
4. Die Kabelpläne sind gut zu dokumentieren und möglichst einfach zu halten.

Jetzt ist die Wunschliste der Bewohner komplett. Zeit, sich die technischen Systeme im Detail anzusehen. Energetisch gesehen schlummern dort wahre Schätze, die es zu heben gilt.

3 Bedürfnisse decken

Nun liegt die Wunschliste der Bewohner auf dem Tisch. Zunächst wird der Architekt die Wohnbereiche (Grundrisse) gemäß ihren Funktionen planen. Im Neubau ist das verhältnismäßig einfach. In der Modernisierung sind eventuell Umbauten erforderlich. Enge Räume und kleine Fenster werden durch großzügige Zuschnitte und transparente Flächen abgelöst. Der Grundriss ist jedoch – zumindest durch die statisch tragenden Wände – weitgehend vorgegeben. Ebenso ist die Ausrichtung des Gebäudes bereits festgelegt, die Lage auf dem Grundstück steht unverrückbar fest. Im Neubau kann man das Gebäude so auf das Grundstück stellen, dass es maximale Solarerträge vom Dach erzeugt.

Nun geht es an die planerischen Details der Anlagentechnik. Unzählige Entscheidungen sind zu treffen, in enger Abstimmung mit den Bauherren. Anhand der elektrischen Verbraucher ist die Stromversorgung zu planen. Dabei spielen regenerative Generatoren wie die Photovoltaik, Brennstoffzellen, kleine Windrotoren oder eine Turbine im Bach auf dem Grundstück eine wesentliche Rolle. Die Generatoren und Wärmeerzeuger werden im Kapitel zum Grundstück behandelt.

Jetzt wollen wir uns auf die Grundlagen der Wärmeversorgung des Gebäudes konzentrieren. Der Wärmebedarf ergibt sich, wie bereits im Kapital 2 ausgeführt, aus zwei Komponenten: dem Wärmebedarf für Warmwasser und dem Bedarf für Raumheizung. Beginnen wir mit der Bereitstellung von warmem Trinkwasser.

3.1 Versorgung mit Warmwasser

Wir haben gesehen: Der Bedarf an Warmwasser hängt vor allem von den Bewohnern ab. Zwar können die benötigten Mengen und Temperaturen zwischen Sommer und Winter variieren, aber der Warmwasserbedarf hat nichts mit dem Dämmstandard des Gebäudes oder der Lüftung zu tun.

Wie erwähnt, kann man den Wärmebedarf für Trinkwasser mit 12,5 kWh pro m^2 Wohnfläche ansetzen. Zu beachten ist, dass Warmwasser vor allem morgens und abends gefordert wird oder am Samstagnachmittag.

Trinkwasser ist ein Lebensmittel, für das höchste hygienische Anforderungen gelten. Die entsprechenden Vorgaben finden sich in DIN 1988, DIN EN 1717, in den Richtlinien des VDI und in den Merkblättern des Deutschen Vereins des Gas- und Wasserfaches e.V. (DVGW). An jeder Stelle des Leitungsnetzes im Gebäude muss Trinkwasser geruchsfrei und farblos sein. Vor der Erwärmung hat es eine Temperatur zwischen 8 und 12 °C. Um an dieser Stelle gleich mit einem weit verbreiteten Irrtum aufzuräumen: Obwohl kaltes Trinkwasser mit diesen Temperaturen durchaus kalt ist, muss man die Leitungen dämmen. Nicht wegen drohender Wärmeverluste, sondern weil sich an den kalten Rohren Kondensat abschlägt. Warme Luft hält viel Wasserdampf. Bei Kontakt mit den kalten Metallrohren fällt Wasser aus. Man glaubt nicht, wie oft man ungedämmte Kaltwasserleitungen vorfindet, an denen die Wasserperlen glitzern wie in einer Tropfsteinhöhle. Diese Nachlässigkeit ist nicht nur auf unerfahrene Azubis oder Gesellen des Sanitärfachs beschränkt.

Diese Leitungen gehören zum sanitären Hausnetz. Die Eigentumsgrenze zum regionalen Wasserversorger ist die Wasseruhr. Ihr folgen im Haus ein Absperrventil und ein Rückschlagventil. Denn einmal eingeleitetes Trinkwasser darf nicht ins Wassernetz zurückfließen. Ein feiner Schutzfilter sichert die Rohre und Armaturen im Gebäude gegen Schwebeteilchen. Druckminderer gleichen Druckschwankungen in der Wasserversorgung aus. Wird Warmwasser zentral bereitet, in einem Speicher oder einem Boiler, braucht die kalte Zuleitung ein Sicherheitsventil (Membransicherheitsventil, MSV). Dadurch wird verhindert, dass der Druck über 6 bar steigt und den Speicher zerlegt. Alle Ventile, Filter und Zapfstellen müssen für die Verwendung mit Nahrungsmitteln zugelassen sein (Abb. 3.1).

Abb. 3.1: Absperrventil und Wasserzähler: Sie sollten leicht ablesbar und zugänglich sein

Der Druck im Kaltwasseranschluss muss den Geschosshöhen des Gebäudes angepasst werden. Das ist vor allem bei Mehrgeschosswohnbauten gelegentlich ein Problem. Im Gebäudebestand sind viele Häuser noch mit altertümlichen Druckspülern ausgestattet. Sie brauchen einen höheren Leitungsdruck als Spülkästen, die das Wasser auf Vorrat sammeln. Deshalb sollte man die Druckspüler bei der Modernisierung stets durch sparsame Spülkästen ersetzen. Gleiches gilt für Duschköpfe und Wasserhähne. Wassersparende Armaturen sind beinahe eine Pflichtübung, obendrein schonen sie den Geldbeutel.

Vom Trinkwasser zu unterscheiden sind technische Prozesswässer. Sie werden meist in geschlossenen Kreisläufen in der Fabrik geführt und unterliegen eigenen Vorgaben. Auch das Heizwasser in wassergeführten Wärmeversorgungsanlagen ist kein trinkbares Wasser. Warmes Trinkwasser deckt den Bedarf von Menschen zum Trinken, Waschen, Kochen oder anderen Zwecken. Es darf auch nicht mit Regenwasser gemischt werden, das den Garten sprengt.

Der Bedarf an Warmwasser und damit der Wärmebedarf zu seiner Bereitstellung hängt von den Bedürfnissen der Bewohner ab. Er hat nichts mit der energetischen Qualität des Gebäudes zu tun, also mit den Wärmeverlusten durch die Außenflächen. Er hat auch nichts mit dem Wärmebedarf für die Lüftung zu tun. Deshalb sollte man die Warmwasserbereitung nach Möglichkeit von der Heizwärmeversorgung trennen.

Bestimmt man die Kennzahlen der Anlagentechnik für Warmwasser, muss man auch die Zapfstellen, Speicher für Warmwasser und das Zirkulationssystem analysieren. Prinzipiell unterscheidet man drei Bauarten von Warmwassersystemen in Wohngebäuden:

1. **Gebäudezentrale Versorgung**

   Bei dieser Variante gibt es im Keller einen großen Warmwasserspeicher, der von einem (monovalenten) oder mehreren (multivalenten) Wärmeerzeugern thermisch beladen wird. Dieser zentrale Warmwasserspeicher versorgt alle Zapfstellen im Gebäude (Abb. 3.2 und 3.3).

Abb. 3.2: Veraltete Warmwasserbereiter in einem Mehrfamilienhaus (1998); mittlerweile wurden sie ersetzt

Abb. 3.3: Neuer Warmwasserspeicher und Verrohrung im Heizkeller eines Mietshauses: Saubere und effiziente Energiesysteme führen nebenbei dazu, dass auch die Heizkeller sauberer und übersichtlicher werden

2. **Wohnungszentrale Versorgung**

   Der Warmwasserspeicher ist in einer Wohneinheit installiert, er bedient alle Zapfstellen in dieser Wohnung. Beispiele sind größere elektrische Durchlauferhitzer oder Gasthermen für Warmwasser. Auch hydraulische Wohnungsübergabestationen gehören hierher.

3. **Dezentrale Versorgung**

   Fachleute wissen es längst: Wirklich effizient ist nur die dezentrale Bereitung von Warmwasser. Je kürzer die Rohrwege von der Wärmequelle bis zur Zapfstelle, desto geringer sind die Wärmeverluste. 2012 beauftragten die HEA, der ZVEI und Hersteller eine Studie zur Reduzierung des Energieverbrauchs durch dezentrale elektrische Warmwasserversorgung.[1] Die Experten errechneten, dass in einem Einfamilienhaus bei zentraler Bereitung des Warmwassers im Keller rund 42,4 % der Wärme als Verluste ungenutzt bleiben. In einem Dreifamilienhaus sind es gar 47,7 %, in einem Mehrgeschosser für 12 Familien rund 44,4 %. Demgegenüber liegen die Wärmeverluste bei dezentraler Bereitung an der Zapfstelle zwischen 2,8 und 3,2 %.

Interessant sind auch die Anlaufverluste, die sich durch erhöhten Wasserverbrauch bemerkbar machen. Denn lange Steigleitungen brauchen einige Minuten, bis das warme Wasser umgewälzt ist und an der am weitesten entfernten Zapfstelle anliegt. Zentrale Versorgung im Einfamilienhaus verursacht 5 Liter Anlaufverluste am Tag, gegenüber 1,5 Litern bei dezentraler Bereitung. Im Dreifamilienhaus steigen die Anlaufverluste bei zentraler Versorgung auf knapp 7 Liter am Tag. Im Vergleich dazu gehen bei dezentraler Bereitung nur rund 3 Liter verloren. Im zentral versorgten 12-Familien-Haus werden bis zu 30 Liter wertvolles Trinkwasser am Tag weggespült, um auf warmes Wasser zu warten. Die dezentrale Variante verursacht Anlaufverluste von rund 16 Litern täglich.

Und: Wird warmes Wasser dezentral und elektrisch mit Ökostrom erzeugt, schlagen sich die Vorteile ebenso bei den Emissionen von klimaschädlichem Kohlendioxid nieder.

Dezentral bedeutet: An jeder Entnahmestelle befindet sich ein kleiner Speicher. Das kann ein Untertischboiler sein. Auch Durchlauferhitzer an der Zapfstelle gehören zu den dezentralen Systemen.

Die zentrale Warmwasserversorgung ist eigentlich nur noch in kleinen Wohngebäuden zeitgemäß. Im Mehrgeschosser ist sie möglicherweise die technisch einfachere Lösung als dezentrale Systeme. Aber die Wärmeverluste sinken, je näher die Warmwasserbereitung an die Zapfstelle rückt. Zudem hat jeder Mieter schwarz auf weiß, wie viel Warmwasser er verbraucht und wie viel Energie er dafür aufwendet. Das ist bei zentralen Systemen mit zentraler Abrechnung der Wärme kaum möglich.

Die zentrale Bereitstellung des Warmwassers braucht stets einen großen Speicher für Warmwasser. Das kann ein separater Speicher für das Lebensmittel „warmes Trinkwasser" sein, in dem das Trinkwasser durch elektrische oder hydraulische Wendeln erwärmt wird. Im Markt und im Bestand gibt es auch sogenannte Kombispeicher, Speicher im Speicher (Abb. 3.4). Der Warmwasserspeicher liegt im Innern eines Pufferspeichers, der mit Heizwasser gefüllt ist. Dieser Pufferspeicher kann auch der Zwischenspeicher einer thermischen Solaranlage sein.

Der Nachteil der Speichersysteme besteht in den langen Leitungen, um das Warmwasser vom Keller bis in das oberste Stockwerk oder die Dachwohnung zu fördern. Und zwar doppelt, denn

1 Initiative [WÄRME+] (Hrsg.): Reduzierung von Energieverbrauch und CO_2-Emissionen durch dezentrale elektrische Warmwasserversorgung. Berlin, 2012

die Zirkulation erfordert parallel zum Verteilsteigstrang eine zweite Leitung, um das Warmwasser zum Speicher zurückzuleiten. Zudem werden Pumpen benötigt.

Abb. 3.4: Modell eines Kombispeichers mit innenliegendem Wärmetauscher für das warme Trinkwasser

Noch ein Problem: Das Warmwasser in einem Speicher (> 3 Liter) muss periodisch auf 65 °C aufgeheizt werden, um die Bildung von Legionellen zu verhindern. Auch das kostet Energie.

Warmwasserspeicher unterscheiden sich im Speichervolumen und in der Temperatur, mit der sie das warme Trinkwasser bereitstellen. Prinzipiell gilt: Je größer der Speicher, desto größer der Aufwand, um ihn gegen Wärmeverluste zu dämmen. Alle hydraulischen Anschlüsse verursachen Wärmeverluste. Man kann davon ausgehen, dass zwischen 15 und 20 % der aufgebrachten Wärmeenergie durch Verluste in den Speichern und Leitungen verloren gehen, auch wenn sie ordentlich gedämmt sind.

Das spricht dafür, Warmwasser nur bei echtem Bedarf und elektrisch zu erzeugen. Dazu eignen sich Durchlauferhitzer, an die durchaus mehrere Zapfstellen angeschlossen sein können. Die Direkterwärmung bedarf jedoch hoher Stoßströme. Besser sind Boiler mit einem kleinen, integrierten Speicher. Ihre Leistungsaufnahme ist deutlich geringer. Als Untertischgeräte kann man sie unter den Waschtisch oder die Spüle montieren, das minimale Speichervolumen beträgt 5 Liter. Sinnvoll sind auch Wasserkocher, die oberhalb der Spüle montiert werden. Auch sie fassen bis zu 5 Liter.

Solche Warmwassergeräte benötigen nur sehr kurze Leitungen, sie brauchen keine Zirkulation. Die Bauart der Warmwasserzirkulation hat einen starken Einfluss auf die Effizienz der Anlage. Denn die Pumpen benötigen elektrischen Hilfsstrom. Läuft die Zirkulationspumpe im Dauerbetrieb, stimmt etwas nicht. Eine bedarfsgerechte Pumpe verbessert die Anlagenaufwandszahl beträchtlich. Sie tritt nur dann in Aktion, wenn an der Zapfstelle tatsächlich warmes Wasser abgefordert wird.

Exkurs: Die Anlagenaufwandszahl

Die Effizienz einer technischen Anlage zur Wärmeversorgung lässt sich durch die Anlagenaufwandszahl ausdrücken. Diese Zahl bezieht die Wärmeerzeugung auf die Primärenergie, die dafür aufgewendet wird, einschließlich aller Hilfsenergien. Um die Aufwandszahl zu ermitteln, bieten sich drei Wege an:

Mit Diagrammen

Dabei werden der Bedarf an Endenergie und die Anlagenaufwandszahl mit grafischen Methoden ermittelt, gute alte Ingenieursschule. Basis sind die Aufwandszahldiagramme, die den Heizwärmebedarf in Abhängigkeit von der Nutzfläche zeigen. Mit diesem Verfahren kann man eine fertig geplante Anlage nochmals kontrollieren, ob die Anlagenaufwandszahl korrekt ermittelt wurde.

Mit Tabellen

Wenn die Anlagenaufwandszahl für eine Baugruppe oder ein Gerät in der Warmwasserbereitung noch nicht bekannt ist, bieten sich Tabellen mit Kennwerten an. Die Kennwerte gelten für Standardprodukte oder Produkte, deren Paramater diesen Standards entsprechen. Sie orientieren sich am unteren Durchschnitt der im Markt verfügbaren Anlagentechnik.

Detailliertes Verfahren

Diese Vorgehensweise ist zu empfehlen, wenn die Kennwerte von den Produkten bekannt sind, die man verbauen möchte. Die Hersteller bieten solche Kennwerte an. Vor allem in der Sanierung des Gebäudebestandes hat sich dieses Verfahren bewährt, weil die Bedürfnisse der Nutzer und die tatsächlich vorhandenen Werte einfließen.

Die Aufwandszahlen von klassischen Warmwassererzeugern und Geräten für die Raumheizung kann der Planer oder Fachinstallateur gemäß der aktuellen Normung und dem Gebäudeenergiegesetz ermitteln. Wichtig an dieser Stelle ist das grundsätzliche Verständnis: Je geringer die Anlagenaufwandszahl ist, desto weniger Primärenergie schluckt das Gebäude. Es leuchtet ein, dass sich regenerative Versorgungssysteme wie Photovoltaik, thermische Solarkollektoren oder Wärmepumpen sehr vorteilhaft auf die Effizienz auswirken. Denn Primärenergie ist letztendlich nichts anderes als Brennstoff. Freilich weist dieser Begriff in die Irre, denn unsere primäre Energiequelle ist die Sonne. Torf, Holz, Kohle, Gas und Öl sind fossile Überbleibsel früherer Lebewesen (Pflanzen, Mikroben). Das nur am Rande.

Wir halten fest: Die energetische Qualität eines Wohngebäudes drückt sich in einer geringen Anlagenaufwandszahl aus. Je größer der Anteil von erneuerbaren Energien in der Gebäudeversorgung ist, desto geringer ist der jährliche Primärenergiebedarf, also der Bedarf an Brennstoff. Mit der Entwicklung der Solartechnik rücken nun Wohngebäude in Griffweite, die mehr Strom und Wärme erzeugen als sie verbrauchen. Diese Plusenergiehäuser sind in der Lage, die Nachbarschaft mit zu versorgen.

Will man die Anlagenaufwandszahl komplett berechnen, beginnt man beim Warmwasser. Es folgen die Anlagenaufwandszahl für die Lüftungstechnik und zuletzt die Heizung.

In Mehrgeschossern bietet es sich an, das Warmwasser in jeder Wohnung separat zu bereiten. Man spricht von wohnungszentralen Systemen. Herzstück ist ein einziger Boiler oder Durchlauferhitzer. Der Boiler hat 80 oder 100 Liter im Speicher. Er kann im Bad, in der Küche oder zentral im Flur hängen, um die Leitungslängen zu begrenzen.

Elektroboiler lassen sich aus Steckdosen mit 230 V versorgen, mit überschaubarer Leistungsaufnahme. Ein Durchlauferhitzer mit hoher Schüttleistung braucht 18 kW, also Drehstrom (400 V in drei Phasen), inklusive Absicherungen. Allerdings haben Durchlauferhitzer keine Wärmeverluste durch Speicherung. Das leidige Problem der Verkalkung fällt bei ihnen nur gering ins Gewicht. Jeder Millimeter Kalk auf den Heizwendeln treibt den Stromverbrauch um 10 % in die Höhe.

Wird Warmwasser mit Sonnenstrom oder Solarwärme bereitet, geht die Anlagenaufwandszahl sprichwörtlich in den Keller. Aber auch an dieser Stelle gilt das Gebot der Effizienz. Beim Einsatz von solarthermischen Kollektoren sollte die solare Deckungsrate in der Warmwasserbereitung mindestens 60 % erreichen. Dann bleiben der Notbrenner oder die unterstützende Wärmepumpe im Sommer abgeschaltet. Meistens braucht man für die solare Trinkwasserbereitung mit thermischen Kollektoren sehr große Pufferspeicher. Nur dann kann die Hitze in den Kollektoren im Sommer gut abgeführt werden. Andernfalls stagnieren sie und werden durch Überdruck („Kochen") geschädigt. Große Speicher lassen sich aber nicht überall aufbauen. Entscheidend ist das Kippmaß, um sie durch die Kellertür zu bugsieren.

Neuerdings gewinnt die Technik der Frischwassererwärmung an Bedeutung. Sie kombiniert einen hydraulischen Durchlauferhitzer mit einem Pufferspeicher, von dem der Kreislauf des Trinkwassers jedoch getrennt ist. Über einen Wärmetauscher stellt der Pufferspeicher lediglich die Wärme für das Warmwasser bereit. Das Trinkwasser wird bei Bedarf durch den Plattenwärmetauscher der Frischwasserstation gepumpt und dabei auf die erforderliche Temperatur gebracht.

Abb. 3.5: Für Warmwasser genügen 50 °C an der Zapfstelle völlig. Nur bei Bevorratung muss der Speicher zum Schutz vor Legionellen regelmäßig auf mindestens 65 °C aufgeheizt werden.

In den Speichern oder in langen Rohrleitungen kann es passieren, dass warmes Wasser lange steht, ohne zu zirkulieren. Dann bildet es ideale Brutstätten für Keime und Mikroben, darunter den gefürchteten Legionellen. Deshalb ist in den technischen Vorschriften festgelegt, dass Warmwassersysteme ab einem bestimmten Stagnationsvolumen regelmäßig auf 65 °C aufgeheizt werden müssen, um die Keime abzutöten (Abb. 3.5). Für dezentrale, elektrische Durchlauferhitzer gilt dies nicht, wohl aber für Boiler mit Heizwendel oder natürlich die Warmwasserbereiter im Keller, die ihre Wärme aus einem Gaskessel oder einer Wärmepumpe beziehen. Für Mehrgeschossgebäude wird meist eine Aufheizung auf 65 °C eingebaut, auch wenn sie aus Frischwasserstationen versorgt werden. Denn in der mitunter sehr langen Verrohrung stagniert das warme Wasser unter Umständen viele Stunden, ehe es genutzt wird. Zum Vergleich: Zum Baden oder Duschen reichen 38 °C völlig aus.

3.1.1 Sonnenstrom für Küche und Duschbad

Bis vor wenigen Jahren wurde Sonnenstrom meist ins Stromnetz eingespeist. Durch die Novellen des Erneuerbare-Energien-Gesetzes (EEG), die fallenden Systemkosten in der Photovoltaik sowie effiziente Speicherbatterien geht es heute vor allem um den Eigenverbrauch des Sonnenstroms im Gebäude. Zumal die Preise der Stromversorger weiter steigen.

Neben den elektrischen Verbrauchern im Haus bietet vor allem warmes Trinkwasser eine gute Möglichkeit, den Eigenverbrauch des Solarstroms zu steigern. Der Warmwasserbedarf ist übers Jahr ungefähr gleich. Er hängt von der Zahl der Bewohner und ihren Gewohnheiten ab. In der Regel ist ein Warmwasserspeicher oder eine andere Versorgungsanlage vorhanden, die nun durch Sonnenstrom versorgt wird. Auch die Sonnenwärme aus solarthermischen Kollektoren lässt sich über den Pufferspeicher oder den Warmwasserspeicher in die Warmwasserbereitung einkoppeln.

Wer nur wenig Warmwasser braucht – etwa ein Singlehaushalt, ein integriertes Büro im Wohnhaus, eine Kleinfamilie – kann Solarstrom vom Dach auf einfache Weise für kleine, elektrische Durchlauferhitzer nutzen. Sie erlauben es, das warme Trinkwasser sehr wirtschaftlich und ohne hygienisches Risiko zu erzeugen. Allerdings fordern sie kurzzeitig hohe Ströme ab, je nach Schüttleistung. Deshalb brauchen sie unter Umständen entsprechende Batterien, um diese Leistung sofort zur Verfügung zu stellen. Danach speist die Solaranlage wieder in die Akkumulatoren und lädt sie neu auf. Zu beachten sind die Energieverluste bei der Umsetzung des DC-Stroms aus den Akkus in Wechselstrom für die Durchlauferhitzer. Allerdings erlauben elektrische Durchlauferhitzer sehr geringe Anschaffungskosten. Zumindest im Sommer bietet sich diese Variante an. Im Winter könnte das Warmwasser durch die Heizungsanlage mitversorgt werden.

3.1.1.1 Elektrisches Heizschwert als Tauchsieder

Clever ist die Idee, den Solarstrom direkt in den traditionellen Warmwasserspeicher zu speisen. Dazu bietet sich der Einbauplatz für den elektrischen Heizstab an, der bei den meisten Speichern ohnehin vorgesehen ist. Der Heizstab, auch Elektroheizpatrone oder Heizschwert genannt, kann mit DC oder AC laufen. Den DC-Solarstrom über den Batteriewechselrichter als Wechselstrom durch einen solchen „Tauchsieder" zu schicken, verlagert einen Teil der Batteriekapazität in den Warmwasserspeicher. Man kommt mit kleineren Batteriepaketen aus, die bekanntlich noch recht kostenintensiv sind.

Man kann Solarstrom beispielsweise nutzen, um das Speichervolumen auf 65 °C zu heizen (Legionellenschaltung), etwa jeden Mittag, wenn die Sonne aufs Dach brutzelt und ausreichend Solarstrom zur Verfügung steht. Oder man versorgt mit dem Solarstrom zunächst die elektrischen Verbraucher im Haus und füllt die Batterien (auch der E-Fahrzeuge in der Garage). Die restlichen

Überschüsse wandern über das Heizschwert in den Warmwasserspeicher. Diese Variante hat den Vorteil, dass der wertvolle Sonnenstrom erst am Ende in Wärme umgesetzt wird, die bekanntlich deutlich günstiger zu bezahlen ist als elektrischer Strom. In dieser Konfiguration ist es sogar möglich, auf einen Netzanschluss für die Photovoltaikanlage gänzlich zu verzichten. Dann braucht der Sonnengenerator keine teure Zusatztechnik mehr, um das Netz zu stabilisieren oder die Wirkleistung bei Netzüberlastung abzuregeln. Auch muss der Betreiber in diesem Fall keine Mehrwertsteuer oder andere Umlagen auf den Sonnenstrom zahlen, weil er ihn nicht handeln kann. Der Solargenerator wird überhaupt nicht mehr im Stromnetz wirksam. Weil er mit dem Netz nicht verbunden ist, braucht sein Betreiber auch keinen Gewerbeschein.

Allein die Berechnung der Wärmekosten zeigt die Vorteile, die sich aus der Photovoltaik ergeben. Die Zeiten des billigen Erdgases sind endgültig vorbei. Solarstrom kostet zwischen 8 und 12 ct/kWh Strom, je nach Größe und Komplexität der Anlage. Rechnet man ein, um wie viel einfacher die Technik der elektrischen Warmwasserbereitung ist, liegen die Vorteile auf der Hand. Sonnenstrom für warmes Trinkwasser zu nutzen, ist eine sehr einfache Art, die Energie im Gebäude zu speichern. Der Bedarf an Warmwasser hängt von der Zahl der Nutzer und ihren Gewohnheiten ab, ist also im Jahresverlauf ungefähr konstant. Diesen Bedarf während der sonnenreichen Monate zwischen März und Oktober vom eigenen Dach zu decken, spart richtig Geld. Wird der Sonnenstrom genutzt, um eine kleine Warmwasser-Wärmepumpe zu treiben, sieht es noch besser aus: Mit 1 kWh Sonnenstrom erzeugt die Wärmepumpe zwischen 3 und 4 kWh nutzbare Wärme.

Eine Vielfalt denkbarer Lösungen ist mit relativ geringem technischem Aufwand realisierbar. Auf diese Weise treffen sich die klassischen Systeme zur Wärmeversorgung mit der Elektrik. Standen beide Systeme im Gebäude bisher weitgehend autonom nebeneinander, wachsen sie nun zusammen.

3.1.1.2 Im Duo mit der Wärmepumpe

Etwas aufwändiger ist die Kombination der Solargeneratoren mit einer Wärmepumpe, die das warme Wasser erzeugt. Besonders für die Modernisierung bieten sich die kleinen Warmwasser-Wärmepumpen an. Sie nutzen die Umgebungsluft, um Warmwasser über einen elektrischen Verdichter zu erzeugen. Der Verdichter saugt die Umgebungsluft an. In seinem Arbeitskreis verdampft ein flüchtiges Medium. Das Arbeitsgas wird vom elektrischen Verdichter wie in einer Luftpumpe komprimiert, dadurch steigt seine Temperatur auf 55 oder 60 °C. Über einen Wärmetauscher wird die Energie an das Kaltwasser übertragen, das sich auf 55 bis 65 °C erwärmt. Entweder reicht die Temperatur aus, um den Legionellenschutz im Speicher zu gewährleisten. Oder ein elektrischer Heizstab hilft nach.

Zwei Spielarten dieser speziellen Wärmepumpen sind bekannt: Geräte mit integrierten Speichern und Splitgeräte. Die integrierten Speicher fassen zwischen 120 und 300 Liter, völlig ausreichend für ein Einfamilienhaus. Man kann sie gut mit solarthermischen Kollektoren kombinieren. Die Wärmepumpe springt erst ein, wenn die Kraft der Sonne nicht mehr ausreicht. Der Antriebsstrom für den Verdichter der Wärmepumpe kann durch Photovoltaik gedeckt werden. Allerdings erhöhen die solarthermischen Kollektoren den Aufwand zur Montage erheblich, und sie benötigen einen Solarspeicher gegen sommerliche Überhitzung. Deshalb sollte man das Dach vornehmlich für Photovoltaik nutzen. Solarthermische Kollektoren sind nur sinnvoll, wenn der Warmwasserbedarf sehr hoch ist, etwa bei Hotels oder Kliniken.

Splitgeräte bestehen aus zwei Teilen: dem Speicher und der Wärmepumpe. Da sie getrennt sind, braucht man zur Einbindung von Solarwärme einen eigenen Speicherladekreis. Solche Wärmepumpen kann man an die Wand hängen.

Will man Sonnenstrom für den elektrischen Verdichter der Wärmepumpen nutzen, braucht man abgestimmte Aggregate. Ihre Steuerungen erkennen, wenn ausreichend Sonnenstrom vorhanden ist und schalten die Wärmepumpe ein. So kann sie ihren Job am Mittag verrichten, wenn die meisten Elektronen in den Solarmodulen auf dem Dach ihr Sonnenbad beendet haben und ins Gebäude fließen. Die Bewohner des Hauses sind zur Arbeit oder in der Schule, aber am Abend steht wieder ausreichend Warmwasser zur Verfügung.

Der Markt bietet dafür bereits abgestimmte Komplettsysteme an. Sie kombinieren den Solargenerator mit einer Abluftwärmepumpe, um Warmwasser zu bereiten (Abb. 3.6). Technisch gesehen ist das kein großes Problem. Der Solarstrom vom Dach treibt den Verdichter der Wärmepumpe an, die ihre thermische Energie für Warmwasser bereitstellt. Entscheidend ist die Regelung, denn die Wärmepumpe sollte vor allem dann laufen, wenn die Solaranlage Strom liefert. Das kann ein Energiemanagementsystem übernehmen, das separat die Haustechnik steuert oder in den Solarwechselrichter integriert ist. Einige Produkte am Markt schalten nach der Uhr oder hinterlegen die Kennlinien der Energieversorger in der Steuerungssoftware. Sie bilden den Warmwasserbedarf eines Privathaushalts in Deutschland sehr gut ab. Der Eigenverbrauch des Solarstroms steigt durch die Kombination mit der Wärmepumpe auf mehr als 50 % – ohne Speicherbatterie.

Abb. 3.6: Abluftwärmepumpe zur Warmwasserbereitung (WWK-300): Sie kann über den Energiemanager des Photovoltaiksystems angesteuert werden, um Sonnenstrom direkt für den Verdichter zu nutzen. Ein integrierter Speicher kann 300 Liter warmes Trinkwasser vorhalten.

Mittlerweile haben alle namhaften Hersteller von Warmwasser-Wärmepumpen solche Aggregate entwickelt, die mit der Photovoltaikanlage kommunizieren. Manche Geräte sind bereits für die Steuerung über ein Smart Grid vorbereitet. Sie verfügen über zwei Kontakte: Man kann die Wärmepumpe je nach Stromtarif schalten oder Überschussstrom aus der Photovoltaikanlage auf dem Dach zum Antrieb nutzen. Solche Aggregate schaffen 65 °C im Heizbetrieb, arbeiten also legionellenfrei. Ein Warmwasserspeicher von 300 Litern ist integriert. Die Wärmepumpe kommt ohne elektrische Nachheizung aus. Die kleinen Warmwasser-Wärmepumpen gewinnen ihre thermische Energie aus der Umgebungsluft. Es handelt sich also um Luftmaschinen, die sogar Außentemperaturen unter 0 °C nutzen, vorausgesetzt, sie verfügen über eine thermodynamische

Enteisung (Abtauung). Das ist in alpinen Lagen interessant, wo die Photovoltaikanlage an klaren, sonnigen Wintertagen sehr hohe Erträge einfährt.

Manche Aggregate werden im Keller oder im Haustechnikraum aufgestellt, wo sie die Abwärme eines Kessels oder des Pufferspeichers ausnutzen. Es gibt kleine Wärmepumpen mit einem Wärmetauscher zur optionalen Nachheizung oder mit zwei Wärmetauschern, für den Wärmeerzeuger und eine zusätzliche Solaranlage. Alternativ kann auch der serienmäßig integrierte Elektroheizstab die Nachheizung übernehmen. Zeitprogrammierung oder digitale Einbindung in die Gebäudeautomation sind auch kein Problem. Grundsätzlich kann man Warmwassertemperaturen zwischen 23 und 60 °C einstellen. Mit dem integrierten Zusatzheizstab (1,5 kW) werden bei Bedarf auch höhere Temperaturen (Legionellenschutz) erreicht. In der Regel beträgt die elektrische Leistungsaufnahme solcher Warmwasser-Wärmepumpen deutlich weniger als 1 kW, ihre thermische Leistung liegt zwischen 1,5 und 4 kW.

3.2 Wohnwärme für den Winter

Noch einmal: In gut gedämmten Gebäuden ist die Deckung des Warmwasserbedarfs technisch und planerisch die anspruchsvollere Aufgabe als beispielsweise die Versorgung mit Heizwärme für den Winter. Wenn man jedoch maßgeschneiderte Wärmekonzepte sucht, die minimale Betriebskosten erlauben, kann auch die Heiztechnik knifflig sein. Zum Trost vorweg: Nie zuvor standen dem Planer und Architekten so viele technische Lösungen zur Verfügung, um die Wünsche seiner Kundschaft zu erfüllen. Und zwar voll zu erfüllen, nicht nur ansatzweise oder mit faulem Kompromiss.

Generell gilt: Wärme ist ein flüchtiger Geselle. Sobald irgendwo eine Temperaturdifferenz besteht und ein leitfähiges Material vorhanden ist, fließt die Wärme, und zwar stets von der wärmeren zur kälteren Seite. Niemals umgekehrt. Man kann Wärme auch als elektromagnetische Welle auffassen, und zwar im nicht sichtbaren Bereich jenseits der roten Farbe im Sonnenspektrum. Weshalb man auch von infraroter Wärmestrahlung spricht. Strahlung und aufwärts gerichtete Wanderung im Material (Konvektion) sind die beiden Disziplinen, mit denen diese Energieform die Architekten und Planer auf Trab hält. Denn sie flieht, wo es nur geht (Abb. 3.7).

Abb. 3.7: Unerbittlich: Der Wärmemengenzähler und der Warmwasserzähler geben Auskunft über die energetische Effizienz der Wärmeversorgung

Beim Neubau wird die Physik des Gebäudes darauf ausgerichtet, dass möglichst wenig Energie über die Außenflächen verschwinden kann. Man packt das Gebäude ein. Manchmal hat man den Eindruck, dass es gutmeinende Experten regelrecht in den Schwitzkasten nehmen. Hinterher wundern sie sich, dass es die Bewohner sind, die ins Schwitzen kommen, vor allem im Sommer. Moderne Gebäude können aber auch Energie erzeugen: Sonnenstrom vom Dach, Wärme aus dem Erdreich unter dem Baukörper oder im Garten. Hat man sehr viel Energie im Angebot, lassen sich bei der Dämmung gelegentlich Kompromisse machen. Vorausgesetzt, man heizt mit sehr preiswerter, sauberer Energie aus eigenem Hause.

Die Ausrichtung zur Sonne, große Fenster, Türen und Veranden und gut gedämmte Außenflächen senken die Wärmeverluste drastisch. Sogar im Winter hat die Sonne oft ausreichend Kraft, um durch die transparenten Glasflächen erhebliche Energiemengen ins Gebäude einzutragen. Deshalb spielt der Bau eine wesentliche Rolle beim Bedarf an Heizwärme.

In der Modernisierung ist es schwieriger, die Verluste durch die Außenflächen (Transmissionsverluste) zu senken. Zunächst sollte man den Wärmebedarf des Gebäudes wirklich kennen. Den jährlichen Verbrauch einer Ölheizung oder Gasheizung kann man sehr gut abschätzen, wenn man in die Brennstoffrechnungen der vergangenen Jahre schaut. Schluckte der Kessel z. B. 3000 Liter Öl im Jahr, kann man überschlägig rund 30 000 kWh veranschlagen. Diese Energiemenge dient in der Regel sowohl der Raumwärme als auch dem Warmwasser.

Abb. 3.8: Gastherme zur Bereitung von Warmwasser: Der Luftbedarf der Flammen erhöht den Wärmebedarf für die Raumheizung und verursacht Zugluft. Deshalb sind solche Bäder meistens ungemütlich.

Wie sich die Anteile aufteilen, ist nicht ganz einfach zu ermitteln. Die meisten Kessel sind viel zu großzügig ausgelegt, ähnlich den fossilen Dinosauriern. Wie die Dinos brauchen sie viel Luft, um ihre Verbrennung in Gang zu halten. Wird die Verbrennungsluft von außen in den Heizkeller geführt, spielt die kalte Zuluft bei der Bestimmung des Heizwärmebedarfs kaum eine Rolle. Anders bei dezentralen Gasthermen, die im Bad, in der Küche oder im Flur hängen. Auch sie benötigen viel Verbrennungsluft. Das heißt, man muss viel häufiger lüften (Abb. 3.8). Andernfalls steigt der Gehalt von Kohlendioxid in den Räumen an. Diese Tatsache muss man sich unbedingt klarmachen: Durch Verbrennungstechnik steigt der Luftbedarf erheblich an. Eine höhere Luftwechselrate ist nötig, die Wärmeverluste durch die Lüftung sind viel höher als bei Heizsystemen mit Wärmepumpe. Das gilt auch für Pelletöfen oder Kamine, in denen Scheitholz verbrannt wird. Jede Flamme braucht sauerstoffhaltige Frischluft, die belastete Abluft muss abgeführt werden. Sonst ist die Gesundheit der Bewohner gefährdet.

Der Heizkessel, der im Jahr 3000 Liter Öl schluckt, läuft das ganze Jahr durch. Raumwärme wird jedoch erst benötigt, wenn die Außentemperatur die Heizgrenztemperatur unterschreitet, gemeinhin 14 oder 15 °C. Dann beginnt die Heizperiode (Abb. 3.9 und 3.10). Je besser ein Gebäude gedämmt ist, desto länger dauert es, bis es auskühlt. Ein Gebäude, das gemäß der Wärmeschutzverordnung von 1995 errichtet wurde, muss erst ab einer Außentemperatur von 12 °C nachgewärmt werden. Niedrigenergiegebäude oder Passivhäuser brauchen ab 10 oder 6 °C eine thermische Quelle. Entsprechend kürzer ist die Heizperiode.

Abb. 3.9: Schichtladespeicher mit kaltem Reservoir im unteren Bereich und Warmwasserzone am oberen Anschlussflansch

Abb. 3.10: Einbausituation eines Pufferspeichers im Heizungskeller eines Wohngebäudes; ob es in den Raum passt, entscheidet das Kippmaß des Speichers

Um den Wärmebedarf genau zu erfassen, muss man eine Bestandsaufnahme machen. Sie verdeutlicht, welche energetische Qualität die thermische Hülle des Gebäudes aufweist. Daraus wird klar: Wer erfolgreich modernisieren will, muss erst den Wärmebedarf in den Keller schicken, bevor die Heizungsanlage erneuert wird. Dann wird es viel einfacher, die erforderliche Wärme von der Sonne oder vom Grundstück zu ernten (Abb. 3.11a und b).

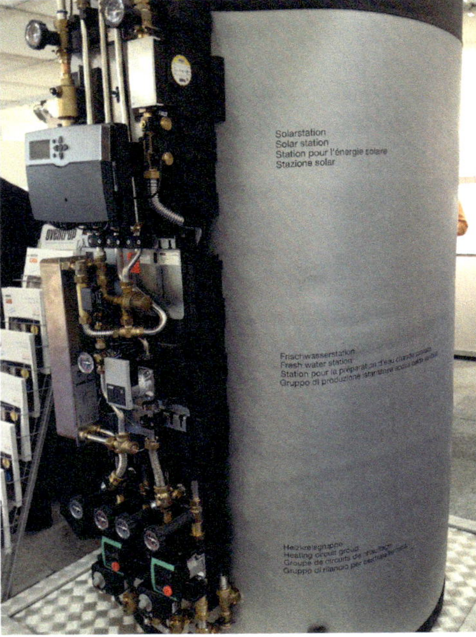

Abb. 3.11a und b: Dieses Komplettsystem nutzt Solarwärme (obere Baugruppe), um Warmwasser in einer Frischwasserstation zu erzeugen (mittlere Baugruppe). Unten befindet sich die Versorgung der Heizkreise. Zwei Heizkreise mit unterschiedlichen Systemtemperaturen lassen sich anschließen (zum Beispiel für Fußbodenheizung und Radiatoren). Dieses System lässt sich innerhalb weniger Stunden aufbauen. Der Pufferspeicher fasst 800 oder 1000 Liter.

Physikalisch gesehen hat die Heizungstechnik nur diese Aufgabe: Sie gleicht die Wärmeverluste durch den Baukörper des Gebäudes und die Lüftung der Räume aus. Man spricht von Transmissionswärmeverlusten und Lüftungswärmeverlusten. Ihre Summe ergibt die Nettoheizlast eines Gebäudes. Wobei wir bereits wissen, dass die Abwärme elektrischer Geräte wie interne Wärmequellen zu veranschlagen sind. Sie reduzieren die Heizlast unter Umständen gewaltig.

3.3 Heizen mit Ökostrom

Es zeichnet sich ab, dass wassergeführte, hydraulische Wärmesysteme im Wohngebäude aussterben. Denn wenn der Heizwärmebedarf sinkt und ausreichend sauberer und preiswerter Ökostrom zur Verfügung steht, wird die elektrische Direktheizung interessant. Die entsprechenden Plattenheizkörper kann man beliebig in den Räumen verteilen und durch eine einfache Steckdose speisen. Die Anbieter solcher Infrarotheizungen bieten die Heizplatten unter anderem als cool gestylte Bilder an, gern mit dem Konterfei der Liebsten. Sogar Badspiegel lassen sich zur Infrarotheizung nutzen. Weil man elektrischen Strom viel schneller und verlustärmer regeln kann, ist die Elektroheizung der hydraulischen Heizung auch in puncto Schnelligkeit und Regelgüte deutlich überlegen.

Sogar die guten alten Nachtspeicheröfen erleben eine Renaissance, wenn man nachts preiswerten Ökostrom aus dem Netz saugt. Noch verhindern politische Vorgaben, dass der Nachtstrom in Deutschland so preiswert wird wie in den USA oder Australien. Aber variable Stromtarife werden kommen. Einige Anbieter von Speicherbatterien für die Photovoltaik bieten sauberen und preiswerten Heizstrom im Winter an, um die Vollversorgung aus dem Sonnengenerator sicherzustellen.

Noch runzeln viele Planer und Solarteure die Stirn, wenn man über eine Stromheizung spricht. Sie ist allerdings nur sinnvoll, wenn sauberer Windstrom (aus dem Netz) oder gespeicherter Sonnenstrom zum Einsatz kommen. Sehr modern ist die Winterstromversorgung aus einem kalten Brennstoffzellenaggregat. Dann kann man ein Wohnhaus durchaus gänzlich ohne Netzanschluss betreiben. Vollständige Unabhängigkeit ist möglich. Sie wird durch den Preisverfall bei Solarbatterien und Brennstoffzellen zunehmend erschwinglich.

3.4 Frischluft für gesunde Atmung

Menschen brauchen nicht nur Wärme und Wasser, sondern auch (und vor allem) frische Luft. Im Sommer ist das völlig problemlos, weil nicht geheizt wird. Im Winter geht mit der Abluft jedoch wertvolle Wärme verloren. Im Gegenzug strömt kalte – mitunter eisige – Luft nach, die erwärmt werden muss. Die Wärmeverluste, die sich aus dem Luftwechsel ergeben, sind erheblich. Gegenüber den Verlusten durch den Baukörper steigt ihre Bedeutung, weil die Dämmung der Transmission einen gewissen Riegel vorschiebt.

Die meisten Altbauten werden nach einem altbewährten Prinzip belüftet: mit den Fenstern. Werden mit der Modernisierung dichte Türen und Fenster mit mehrfacher Verglasung eingebaut und Schäden ausgebessert, reicht der Griff zum Fensterknauf oft nicht mehr aus, um ausreichend Frischluft in die Räume zu bringen.

Jeden Tag atmet ein Mensch rund 20000 Normliter. Unter normalen Bedingungen gibt er jede Stunde rund 60 g Wasserdampf ab. Gerät er ins Schwitzen, können es deutlich mehr sein. Der Übergang der Feuchte aus der Haut hängt von der relativen Feuchte der umgebenden Luft ab. Ist die Luft stark mit Wasserdampf gesättigt, wie in den feuchten Tropen, wird Wasser (Schweiß) ausgeschieden. Wer Sport treibt oder sich anderweitig körperlich anstrengt, gibt in trockener Umgebung bis zu 150 g Wasserdampf pro Stunde ab. Werden Räume mit hohen Temperaturen in der Wärmeverteilung beheizt, sind sie oft auch trocken oder werden als trocken empfunden. Deshalb stellte Oma früher eine Wasserschale auf den Kohleofen. Sie tut es noch bei den schönen, modernen Heizkörpern, die jetzt unterm Fenster ihres Altersruhesitzes hängen. Mit dem Wasserdampf gibt der Körper außerdem toxische Stoffwechselprodukte ab, allen voran das Treibhausgas Kohlendioxid. Atmen erhält nicht nur am Leben, es entgiftet auch.

Allerdings gehen die Ausdünstungen an die Raumluft über, deren Sauerstoffgehalt sinkt. Zudem dünsten die Möbel, Reinigungsgeräte und elektrischen Geräte vielerlei Partikel und Gerüche aus:

Feinstaub, chemische Substanzen, Schadstoffe. Deshalb muss der Mensch lüften, andernfalls erstickt er am eigenen Mief. Kopfschmerzen und steigende Anfälligkeit für Krankheiten sind Symptome, die auf zu hohe Konzentration von Kohlendioxid in der Raumluft hinweisen.

Als unbedenkliche Obergrenze für die Konzentration gelten gemeinhin 1000 Parts per Million (ppm), das sind 0,1 % des Luftvolumens. Mehrere Personen in einem Raum können die Belastung mit Kohlendioxid schnell hochtreiben, je nachdem, wie stark sie sich bewegen. In der Außenluft sind 400 ppm normal.

Für gesundes Lebensgefühl wird ein Mindestluftwechsel von 0,5 als ausreichend angesehen. Das bedeutet, dass das halbe Luftvolumen eines Raumes innerhalb von einer Stunde durch Frischluft ersetzt wird. Mit der belasteten Abluft entschwindet auch der abgeatmete Wasserdampf aus dem Gebäude. Solange er als Dampf auftritt, richtet er wenig Schaden an. Schlägt sich der Wasserdampf an kalten Flächen ab, kondensiert Wasser. Dieses Wasser setzt der Bausubstanz unter Umständen erheblich zu. Schimmel und andere Schädlinge siedeln sich im feuchten Biotop an. Die ausreichende Lüftung ist deshalb unersetzlich, wenn es um den baulichen Feuchteschutz geht.

Gegensteuern kann man mit Baumaterialien wie Lehm, die Wasser aufnehmen können. Sie regulieren die Feuchte im Raum und verhindern, dass sich Kondenswasser bildet. In einem Haushalt mit drei Personen fallen pro Tag zwischen 6 und 8 Liter Wasser an, allein bedingt durch die Atmung. Bei vier Personen kommen schnell 10 Liter und mehr zusammen. Auch Pflanzen dünsten Wasser aus. In der Küche und im Bad ist die Feuchtebelastung besonders hoch. Oftmals reicht dort die klassische Fensterlüftung nicht aus, ein technisches Lüftungssystem muss den Luftwechsel unterstützen. In Küchen und Bädern sollte man mindestens zweimal pro Stunde das gesamte Raumvolumen tauschen, wenn die Räume genutzt werden. Das entspricht einer Luftwechselrate von 2.

In den Schlafzimmern von Erwachsenen ist nachts mehr Frischluft notwendig als im Zimmer des Filius. Man kann mit 30 m^3 pro Person und Stunde rechnen. In Bädern und Küchen sollten die Ventilatoren mindestens 40 m^3 in der Stunde wechseln. Da die Bäder oft kleiner sind als die Wohnbereiche, kann man sie innerhalb weniger Minuten gut durchlüften.

Schnell stößt die Fensterlüftung an ihre Grenzen. Die notwendige Dauer des Lüftens hängt von der Größe der Fenster ab, vom Wind und den Außentemperaturen. Je geringer die Spanne zwischen der warmen Innenluft und der kalten Außenluft, desto länger muss man lüften. An eisigen Tagen flieht die Wärme regelrecht nach draußen, die Konvektion reißt die Luftsäule aus dem Innern mit. In den Übergangsmonaten mag eine Viertelstunde genügen. Im Sommer braucht die Lüftung etwa eine halbe Stunde. Nur wenn man die Fenster voll aufreißt, kommt Bewegung in die Raumluft. Wenn man im Winter nur 10 min lüftet, kann man durchaus den Raum komplett lüften. Für doppelten Luftwechsel sind es 20 min. Das bedeutet, dass der Raum während dieser Zeit auskühlt. Hochgerechnet auf eine Stunde geht ein Drittel der Heizwärme verloren. Effizient ist das nicht.

3.4.1 Wärme aus der Abluft

Zum Glück kann man die Wärme aus der Abluft zurückgewinnen. Voraussetzung ist, dass man ein technisches Lüftungssystem nutzt, auch als kontrollierte Wohnraumlüftung bezeichnet. Man kann die Abwärme sogar als Wärmequelle beispielsweise für eine luftgeführte Warmwasser-Wärmepumpe verwenden. In der kontrollierten Wohnraumlüftung geht die Abwärme durch einen

Wärmetauscher auf die Frischluft über. Damit wird ein großer Teil der Lüftungswärmeverluste abgefangen und dem Gebäude erneut zur Verfügung gestellt. Vollständig vermeiden kann man diese Wärmeverluste jedoch nicht, auch wenn die Effizienz der Geräte zur Wärmerückgewinnung beeindruckend ist.

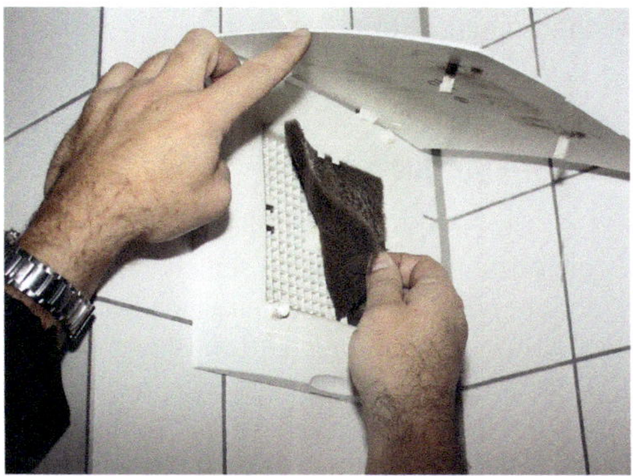

Abb. 3.12: Bäder und Küchen sollten prinzipiell belüftet werden, um die mit Feuchte und Gerüchen belastete Luft abzuführen. Vorgeschrieben ist die Zwangslüftung nur für Räume ohne Fenster.

Im Wohnungsbestand sind Lüftungssysteme eher selten, mit Ausnahme von Bädern und Küchen. Dort beschränkt sich die Lüftungstechnik meist auf ein Abluftventil mit eingebautem Ventilator, der an den Lichtschalter gekoppelt ist. Wenn man dichte Fenster einbaut und das Gebäude dämmt, steigt die Gefahr der Bauschäden durch innere Feuchte. Dann sollte man eine kontrollierte Lüftungsanlage unbedingt einplanen (Abb. 3.12). Die Rückgewinnung der Wärme erfolgt über verschiedene technische Lösungen: durch Wärmetauscher, durch kleine Wärmepumpen im Lüftungsgerät oder durch Heizregister im Zuluftstrom, die über einen hydraulischen Kreis mit dem Abluftstrom verbunden sind, um dort Abwärme aufzunehmen (Abb. 3.13).

Abb. 3.13: Frischluftstutzen auf einer Reihenhaussiedlung mit typischem Schrägdach. Im Dachstuhl befindet sich die Lüftungstechnik mit den Gebläsen und der Luftverteilung sowie den Wärmetauschern zur Rückgewinnung der wertvollen Wärme aus der Abluft.

Anlagen zur kontrollierten Wohnraumlüftung brauchen Sensoren, um die Qualität der Raumluft zu überwachen und die Ventilatoren je nach Bedarf zu schalten. Die Führungsgrößen sind die Feuchte und das Kohlendioxid in der Luft. Seit einigen Jahren gilt DIN 1946 in neuer Fassung. Teil 6 fordert für Neubauten ein Lüftungskonzept. Die minimale Anforderung betrifft den baulichen Feuchteschutz. In vier Stufen werden steigende Anforderungen festgelegt. Für Räume, die keine Fenster haben, gilt DIN 18017-3 vom Mai 2022. Diese Räume brauchen immer eine mechanische Lüftung.

Exkurs zu DIN 1946-6

Seit Dezember 2019 gilt die überarbeitete DIN 1946-6. Sie bezieht die Höhe des Gebäudes, die Anzahl der Geschosse, seinen Wärmeschutz, seine Lage im Wind und im Gebäudebestand in ihren Geltungsbereich ein. Eine Rolle spielt die Geometrie der Räume. Diese Daten bilden die Grundlage, um ein Lüftungskonzept zu erstellen. Das Schema ist Bestandteil dieser DIN. Prinzipiell werden Lüftungskonzepte gefordert, wenn ein Gebäude neu gebaut wird. Oder wenn ein Drittel der Fenster in einem Wohnhaus ausgetauscht werden. Bei Einfamilienhäusern gilt die Norm auch, wenn ein Drittel der Dachfläche neu abgedichtet wurde. Die Norm definiert vier Stufen der Wohnungslüftung, die sich qualitativ und quantitativ deutlich unterscheiden:

- Stufe 1: Lüftung zum Feuchteschutz (FL)
- Stufe 2: Mindestlüftung (ML)
- Stufe 3: Grundlüftung (GL)
- Stufe 4: Intensivlüftung (IL)

Gemäß dem Gebäudeenergiegesetz muss die thermische Hülle eines Gebäudes luftdicht sein. Das ist mit dem Blower-Door-Test nachzuweisen. Wirklich dichte Gebäude sollen ein technisches Lüftungskonzept haben, nicht nur aus Gründen des Feuchteschutzes. Ob das sinnvoll oder für die menschliche Gesundheit förderlich ist, steht auf einem anderen Blatt. Deshalb sollte sich das Lüftungskonzept auf den baulichen Feuchteschutz beschränken. Wenn im Winter eine gewisse Wärmemenge aus dem Gebäude entweicht, weil der Bewohner das Fenster aufmacht, muss das nicht unbedingt eine Katastrophe sein. Wichtig ist, dass die Heizwärme aus sauberen Quellen stammt. Je feiner und ausgeklügelter ein Lüftungssystem ist, desto mehr Lüftungskanäle und Ventilatoren braucht es. Luft ist leicht, die Ventilatoren haben nur eine geringe Leistungsaufnahme. Aber sie verfügen über rotierende Teile und Lager, die vielleicht irgendwann ausschlagen und störende Vibrationen ins Gebäude einbringen, verstärkt durch das Eigenschwingungsverhalten der Lüftungskanäle. Auch setzen sich in den Kanälen störende Mikroben und Staub fest. Das soll kein Plädoyer gegen Lüftungssysteme sein, im Gegenteil. Ihre Bedeutung wird weiter anwachsen. Aber es ist ein Hinweis, dass man die Anlagentechnik mit Augenmaß planen sollte. Manchmal ist weniger eben doch mehr.

Um eine Lüftungsanlage zu planen, teilt man den Grundriss in belastete und weniger belastete Lüftungsbereiche auf. Aus belasteten Zonen muss man die Luft herausführen. Dazu gehören Küchen, Bäder, Toiletten oder der Hauswirtschaftsraum. Weniger belastete Areale können dazu dienen, die Frischluft einzuleiten. Das sind Schlafzimmer, Kinderzimmer, Wohnzimmer.

Sind Gewerbeeinheiten im Gebäude integriert, können sich die Anforderungen an die Lüftungstechnik deutlich erhöhen. Auch im Sommer, wenn beispielsweise die Luft in einem Büro schnell tropischem Dschungel gleicht.

3.4.2 Störender Schall

Wir wollen an dieser Stelle nicht tiefer in die Dimensionierung und die Installation einer lufttechnischen Anlage eintauchen. Wichtig ist jedoch, dass jeder Lüftungskanal durch Schalldämpfer vom Baukörper zu entkoppeln ist. Auch ein ruhig laufender Ventilator überträgt durch die Wandung des Lüftungskanals periodische Schwingungen an seine Umgebung. Auch wirkt der Kanal für die Ventilatorgeräusche wie ein Verstärker. Oder er überträgt Gesprächsfetzen zwischen den Räumen, man spricht vom Telefonieeffekt. In DIN 4109 sind die Emissionswerte für Geräusche genau festgelegt, unterteilt in Bereiche des Wohnens und für Schlafräume. Dort sind 25 dB(A) zu unterbieten. Störende Geräusche durch die Lüftungsanlage können unter Umständen sehr lästig sein.

Abb. 3.14: Beispiel für einen unauffälligen Außenwanddurchlass, der die Frischluft ansaugt. In diesem Fall wird der Unterdruck durch den Luftauslass in einem Abluftschacht im Bad erzeugt. Dieses System kommt ohne Ventilatoren und Hilfsenergie aus.

Abb. 3.15: Konstruktiv in die Fenster integrierte Lüftungsschlitze. Solche Sonderlösungen sind unter Umständen eine gute Alternative zur Lüftungstechnik mit Gebläsen und Luftschächten.

Und oft geht es auch ohne Kanäle. So kann man Zuluftventile in die Fensterrahmen, in die Rollokästen oder in Außenwanddurchlässen einbauen (Abb. 3.14 und 3.15). Letztere greifen stark in die thermische Hülle ein, man muss sie sehr sorgfältig ausführen. Sonst entstehen Wärmebrücken mit den bekannten Problemen. Sie brauchen eine Schallschluckpackung, Wärmedämmung oder Schließventile. Andererseits erlauben die Außenwanddurchlässe sehr hohen Luftdurchsatz.

3.4.3 Vortemperierte Zuluft

Man kann die kalte Frischluft im Winter vorwärmen. Eine Möglichkeit haben wir bereits erläutert: durch Rückgewinnung der Abwärme aus der Abluft. Man kann die Frischluft beispielsweise durch einen im Erdreich verlegten Zuluftkanal führen, der unter der Frostgrenze verläuft. Schon in 1,5 oder 2 m Tiefe herrschen ganzjährig zwischen 7 oder 8 °C. Allein dadurch wird die Frischluft vorgewärmt. Im Sommer wirkt der Erdwärmetauscher kühlend. Denkbar ist auch, den Zuluftstrom zunächst über einen Solarluftkollektor zu führen. Je nach Sonnenschein wärmt er die Frischluft vor, dadurch sinkt der Wärmebedarf, um sie im Raum nachzuwärmen.

Diese Idee kann man weitertreiben, indem man die Erdwärme mittels eines solegeführten Wärmetauschers ausnutzt. Das bietet sich an, wenn man ohnehin Erdwärmepumpen zur Gebäudeversorgung im Winter einsetzt. Der Solekreis der Wärmequellenanlage im Erdreich wird zunächst durch den Sole-Luft-Wärmetauscher im Frischluftkanal geschleift, um die Frischluft vorzuwärmen. Danach erreicht er den Arbeitskreis der Wärmepumpe.

3.4.4 Die Spinne im Lüftungssystem

Die Neufassung der DIN 1946 hat in der Lüftungstechnik für Wohngebäude eine Welle von Innovationen ausgelöst. Für Neubauten gibt es zentrale Lüftungsgeräte, die wie eine Spinne im Kanalsystem der frischen und verbrauchten Luftströme hocken. Ihr Herz ist ein Wärmetauscher, um die Abwärme zu gewinnen und auf die Frischluft zu übertragen. Man unterscheidet die Lüftungsgeräte nach der Bauart des Wärmetauschers, nach der Steuerung, den Ventilatoren und den Filtern. Denn Lüftungssysteme können beispielsweise Allergikern einige Probleme durch Pollenflug ersparen, zumindest in den eigenen vier Wänden. Geregelt werden die Geräte durch Sensoren für die Raumluftqualität. Sehr moderne Geräte gewinnen nicht nur die Abwärme zurück. Sie können auch die Raumfeuchte wiedergewinnen, damit die Luft in den Räumen nicht zu sehr austrocknet. Bei den Rotationswärmetauschern mit Feuchterückgewinnung fällt auch kein störendes Kondensat aus, was bei klassischer Wärmerückgewinnung stets der Fall ist.

Ein guter Aufstellort für das Lüftungsgerät ist der Haustechnikraum. Es kann aber auch auf dem Dachboden stehen. Wichtig ist, dass die Ventile für die Frischluft und Abluft weit genug voneinander entfernt liegen, damit sich die beiden Luftströme nicht ungewollt kurzschließen. Hängt das Gerät unterm Dach, kann man es leichter an einen Solarluftkollektor anschließen.

Wie die Leitungen einer Warmwasserversorgung sollten auch die Lüftungskanäle so kurz wie möglich sein. Dieser Aspekt sowie der Einsatz eines Erdwärmetauschers spielen eine Geige, wenn man das zentrale Lüftungsgerät im Gebäude unterbringt. Es kann durchaus im Erdgeschoss oder im Keller laufen.

Gesteuert wird die Lüftungsanlage je nach Bedarf, der von den Bewohnern und der Raumnutzung abhängt. Man kann die Lüftungszeiten fest einstellen, das ist sehr einfach. Stoßzeiten sind am Morgen, mittags und am Abend, wenn die Bewohner im Haus unterwegs sind. Überlässt man die

Steuerung speziellen Wächtersensoren, ist man auf jeden Fall auf der sicheren Seite. Wichtig ist der Referenzort des Wächters, er sollte sich in einem Raum mit sehr hoher Luftbelastung befinden. Das kann das Schlafzimmer sein, die Küche oder das Bad. Denkbar sind kombinierte Steuerungen mit Zeitschaltung und Sensoren, die zwischen dauerhaftem Grundbetrieb (Zeitschaltung) und Spitzenlasten (sensorgeführt) umschalten.

3.4.5 Vorsicht bei Kaminen

Nun müssen wir uns doch noch einmal mit der Verbrennungsluft befassen. Allerdings beschränken wir uns auf Holzfeuerungen, die sich zunehmender Beliebtheit erfreuen. Oft ergänzen sie die solarthermische Wärmepumpenheizung und decken den Spitzenbedarf an sehr eisigen Tagen ab. Näheres dazu findet sich in Kapitel 5, so dass wir uns hier auf die lufttechnischen Anforderungen beschränken können.

Alle Feuerstätten brauchen Luft, egal, ob darin Scheitholz, Holzpellets oder Hackschnitzel verbrannt werden. Am besten ist es, die Kessel mit einer eigenen Luftführung für die Verbrennungsluft zu versehen, auf direktem Wege von außen. Es ist unzulässig, die Verbrennungsluft über die Lüftungsanlage der Wohnräume zuzuführen. Separate Durchbrüche zur Zuluftführung durch die Außenwand bieten sich beim Einbau des Kessels im Keller oder im Haustechnikraum an. Die Abluft wird über den Kamin abgegeben. Bei einzeln stehenden Kaminöfen oder offenen Kaminen im Wohnzimmer atmet das Feuerchen jedoch dieselbe Luft wie die Bewohner. Gleiches gilt für die Kochmaschine und den Herd in der Küche.

An dieser Stelle lauert ein Problem: Laufen die Feuerstellen mit Raumluft, muss sich die Wohnungslüftung selbsttätig abschalten, wenn der Unterdruck im Raum 4 hPa übersteigt. Andernfalls könnten sich giftige Brenngase im Raum sammeln, der sie durch den Sog aus dem Kamin saugt. Die Bewohner könnten Vergiftungen erleiden oder gar durch Kohlenmonoxid sterben. So etwas ist vorgekommen. Feuert der Kessel mit einer separaten Luftführung, kann die Wohnraumlüftung gleichzeitig laufen. Im Zweifelsfall hilft der Rat des zuständigen Kaminkehrers, in einigen Regionen auch als Schornsteinfeger bezeichnet.

3.5 Kühlung und Kälte

Im Winter ist es wichtig, die Wohnräume menschengerecht zu erwärmen. In der Sommerhitze jedoch kann es notwendig werden, den Räumen Wärme zu entziehen, sie zu kühlen. Passive Kühlsysteme nutzen die Abstrahlung von warmen Flächen aus. Aktive Kühlsysteme nutzen bewegte Medien, um die Raumtemperatur zu senken. Das kann kalte Frischluft sein, vorgekühlt im Erdreich. Das kann die Sole einer Fußbodenheizung sein, die als Wärmesammler fungiert. Sie läuft auch im Sommer und lagert die Überschusswärme ins Erdreich ein, um sie dort für die Wärmepumpe im Winter zu parken. Wärmepumpensysteme verfügen über eine reversible Betriebsweise, eignen sich also auch als Kühlaggregate. Allerdings sollte man ihre Kühlleistung nicht überschätzen. Zumal der Kühleffekt mitunter teuer erkauft wird: Denn die Umwälzpumpen der Heizkreise für die Fußbodenheizung oder die Wandheizflächen müssen brummen, ebenso die Pumpe im Solekreis zum Erdreich.

Einfacher sind die landläufigen Klimaanlagen, die elektrischen Strom zur Kühlung des Luftstroms nutzen. Da der höchste Kühlbedarf in der Mittagszeit auftritt, passen sie natürlich zum Ertragsprofil einer Photovoltaikanlage. Sonnenstrom kann kühlen, Sonnenwärme nicht. Zumindest nicht in Wohngebäuden. Bei Gewerbebauten oder hohen Kühllasten der Industrie bieten sich solarthermische Adsorptionssysteme an. Wer sich so etwas in der Praxis anschauen will, sollte ins Museum für Gummibärchen der Firma Haribo fahren. Es befindet sich im französischen Uzés. Für Wohngebäude ist diese Technik viel zu aufwändig.

Deshalb zurück zur Photovoltaik und zum elektrischen Strom, der in die Kälte führt. Freilich spielt Kühlstrom in den südlichen Ländern eine viel größere Rolle als in Deutschland. Dennoch steigt der Spotpreis an der Leipziger Börse im Sommer um die Mittagszeit an, um gegen Nachmittag wieder abzufallen. Denn rund 15 % des deutschen Stromverbrauchs fließen in Kältetechnik. Das entspricht rund 80 000 GWh im Jahr, mehr als 6 % des Bedarfs an Primärenergie.

Tendenz steigend, denn die Gebäude werden zunehmend leicht und transparent gebaut, mit großzügigen Glasflächen. Solche Gebäude brauchen eine Sommerkühlung, wie sie im Winter eine effiziente Heizung benötigen. Und nicht zuletzt nimmt die Technik in den Gebäuden zu. Computer, Drucker, Kommunikationstechnik und Unterhaltungselektronik erzeugen Abwärme, die aus den Gebäuden abgeführt werden muss. In Deutschland wird die Gebäudeklimatisierung zu rund 90 % durch elektrische Energie geleistet.

Hinzu kommt: Für alle Regionen der Erde gleichermaßen wirkt sich die globale Klimaerwärmung aus. Dadurch verschiebt sich der Energiebedarf von der Heizwärme hin zur Kühlung. Moderne Wärmepumpen nutzen die Abwärme von Kälteaggregaten, um Heizwärme für andere Räume zu erzeugen oder Warmwasser zu gewinnen.

3.5.1 Kühlung mit Kompressoren

Von Klimatisierung oder Kältetechnik spricht man, wenn die Lufttemperatur im Gebäude oder in einem Raum abgesenkt wird, etwa in den heißen Sommermonaten. Naturgemäß werden die meisten Raumklimageräte im Süden verkauft. In Spanien und Italien liegt der jährliche Markt bei weit mehr als 600 000 Geräten, in Frankreich bei einer Viertelmillion und in Großbritannien bei rund 200 000. In Deutschland werden im Jahr rund 100 000 Geräte gehandelt.

In Kompressionsmaschinen (Chiller) läuft ein elektrisch angetriebener Verdichter, der ein verdampftes Kältemittel ansaugt und komprimiert. Im nachgeschalteten Verflüssiger gibt der Kältemitteldampf seine Wärme über einen Wärmetauscher ab und kondensiert. Das Fluidum wird zum Entspannungsventil geleitet, wo das Kältemittel teilweise wieder verdampft. Im Verdampfer nimmt es die Wärme des zu kühlenden Raums auf, der dadurch gekühlt wird. So beginnt der Kreislauf von vorn. Das Prinzip entspricht dem umgekehrten Prozess einer Wärmepumpe, weshalb man Wärmepumpen auch zum Kühlen einsetzen kann, wenn man ihre Betriebsweise umkehrt. Durch einen Verdichter wird die angesaugte Luft nicht nur abgekühlt, sondern auch entfeuchtet (Kondensat). Wie bei den Wärmepumpen halten auch in der Kältetechnik zunehmend Scroll-Verdichter Einzug. 95 % aller Raumklimageräte in Deutschland sind dem gewerblichen Sektor zugeordnet. Zur Kühlung von Lebensmitteln werden sehr oft Kolbenverdichter verwendet.

3.5.2 120 Millionen Kältemaschinen

Sie mit Solarstrom zu betreiben, liegt – wie bei den Wärmepumpen für Warmwasser – auf der Hand. Allein in Deutschland laufen derzeit über 120 Millionen elektrische Kältemaschinen: vom kleinen Hauskühlschrank und der Eisbox bis hin zu den Vitrinen der Supermärkte, Klimaanlagen und den Tiefkühlaggregaten der Industrie. Jährlich emittieren sie aufgrund ihres enormen Strombedarfs rund 70 Millionen Tonnen Kohlendioxid. Mit Solarstrom könnte man diese Emissionen auf null senken. Große Bürogebäude oder Lagerhallen bieten ausreichend Fläche, um auch für leistungsstarke Kälteaggregate genug Solarstrom zu erzeugen. Um Ertragsspitzen während des Jahres auszugleichen, sind Stromspeicher notwendig, oder man nutzt das Netz als Speicher. Generell liegen die Spitzenkältelasten im Sommer, sodass Solargeneratoren einen guten Beitrag zur Deckung des Klimatisierungsstrombedarfs einer Immobilie beisteuern können. Es gibt bereits für Photovoltaik optimierte Geräte, die eine kleine Pufferbatterie integrieren und mit Gleichstrom laufen.

Das Gebäudeenergiegesetz und die Vorschriften zur Solarpflicht schreiben nicht nur für die Heizwärme eines Neubaus oder eines „grundlegend renovierten öffentlichen Gebäudes" bestimmte Nutzungspflichten für erneuerbare Energien vor. Auch bei der Deckung des Kälteenergiebedarfs müssen mindestens 15 % aus Solarenergie stammen. Ersatzweise sind Biogas oder andere Biomasse zugelassen. Das GEG erlaubt es, Photovoltaik als erneuerbare Energie gleichrangig beispielsweise mit Solarthermie zu bewerten.

Konventionelle Klimaanlagen mit einer Leistung von 5 kW laufen in Deutschland im Jahr rund 1200 bis 1400 Volllaststunden. Im Durchschnittsbetrieb summiert sich ihr jährlicher Stromverbrauch auf bis zu 7000 kWh. Dagegen sinken die Systempreise für Photovoltaik und Speicherbatterien im Jahr um 10 bis 20 %. Nutzt man Solarstrom für die erwähnte Klimaanlage, liegt die Einsparung zwischen 500 und 1000 Euro im Jahr (Stand: Mitte 2022). Bis zum Ende dieses Jahrzehnts könnten die Systemkosten für Photovoltaik so weit sinken, dass Stromkosten von 6 bis 9 Eurocent je Kilowattstunde solarem Eigenstrom möglich sind, je nach Größe des Solargenerators. Fossil-nuklearer Strom dürfte sich hingegen deutlich verteuern, weil die Preise erheblichen Spekulationen unterliegen.

Bislang werden in Deutschland meist nur Büros gekühlt, wegen der sommerlichen Hitze. Im Wohngebäude ist die Technik – noch – eine Ausnahme. Büros und Wohnräume, beide tagsüber genutzt, brauchen im Jahr zwischen 600 bis 800 Kühlstunden (Vollstunden). Natürlich laufen die kältetechnischen Aggregate hauptsächlich oder ausschließlich im Sommer. In Italien liegt dieser Wert bei 800 bis 1500 Stunden. In Ländern wie Brasilien oder Australien läuft das Aggregat oft rund um die Uhr, weil die Temperaturen auch nachts kaum sinken.

Um den Solarstrom möglichst im Gebäude zu nutzen, kommen zunehmend Kühlschränke und Tiefkühltruhen auf den Markt, die speziell auf Solargeneratoren abgestimmt sind. Sie eignen sich besonders für saisonal genutzte Sommerhäuser, Bungalows, Datschas oder Almhütten. Meist handelt es sich um Gleichstromtechnik mit einer Spannung von 12 oder 24 V. Die Drehzahlregelung des Kompressors garantiert ein schnelles Kühlen. Die Truhe erfüllt die niedrigste Energieverbrauchsklasse. Die Kühl- und Gefriertruhe kann sogar zur Medikamentenkühlung im Krankenhaus und für mobile Anwendungen genutzt werden. Solch eine Truhe wird aus einem Solarmodul mit 70 W Nennleistung ausreichend versorgt.

Konventionelle Kälteanlagen wie luftgekühlte Kaltwassersätze oder Kältezentralen mit Rückkühlung kosten zwischen 500 und 1000 Euro je Kilowatt. Bei diesen Systemen kann die Photovoltaik ihre wirtschaftlichen Vorteile voll ausspielen. Zudem treibt der Solarstrom alle Ventilatoren im System. Damit ist auch die zweite, wichtige Funktion einer Klimaanlage versorgt: die Belüftung der Räume.

4 Das Gebäude – Von der Hütte zum Energiekunstwerk

Der Wärmebedarf für Warmwasser und der Energieaufwand für die Versorgung mit Frischluft stehen nun fest. Wir wissen auch, welche Chancen in der Rückgewinnung kostbarer Wärme durch die technische Lüftungsanlage lauern. Wenden wir uns dem Gebäude zu, dessen Konstruktion und Dämmung maßgeblich über den Heizwärmebedarf entscheiden.

Früher standen dem Menschen in seinen Behausungen zentrale Feuerstellen zur Verfügung: Öfen, Kamine und der Herd in der Küche. Warmwasser wurde lediglich in der Küche bereitgestellt. Später kam die Warmwasserversorgung über die Zapfstellen im Gebäude dazu, als Beiwerk zur Wärmeerzeugung für die knackigen Winter. Raumwärme und Warmwasser aus einer Anlage zu bedienen, ist heute nicht mehr zeitgemäß. Je besser die Gebäude gedämmt sind und je mehr passive Energiegewinne sie nutzen, umso leichter fällt es, Warmwasser und Heiztechnik zu trennen. Das bedeutet im Umkehrschluss jedoch nicht, dass kombinierte Systeme unsinnig sind. Vielmehr entscheidet der konkrete Anwendungsfall, welche Systeme effizient und passend sind. Nie war die Vielfalt technischer Lösungen so groß wie heute. Der Kreativität des Planers sind faktisch keine Grenzen gesetzt.

Der Erfindergeist hat in den letzten Jahren eine enorme Bandbreite von sauberen Alternativen entwickelt, sowohl für den Neubau als auch die Modernisierung. Sonnenstrom, Sonnenwärme, Erdwärme, Umweltwärme und Wärme aus dem traditionellen Brennstoff Holz stehen zur Verfügung. Zunehmend spielen gasbetriebene Blockheizkraftwerke (BHKW) eine Rolle, die Strom und Wärme zugleich erzeugen (Kraft-Wärme-Kopplung). Solche Systeme gibt es auch auf dem Dach: Sie kombinieren elektrische Solargeneratoren mit solarthermischen Kollektoren. Ganz neu sind saubere Brennstoffzellen, die Strom aus kalter Oxidation von Wasserstoff erzeugen. Die erneuerbaren Energien versetzen die Planer in die Lage, ihren Kunden genau und individuell zugeschnittene Wärmekonzepte anzubieten.

Wo früher mit den Flammen eines Brenners geheizt wurde, wird heute lediglich nacherwärmt oder nachtemperiert. Die Wärmetechnik passt sich an das Lebenskonzept der Hausbewohner an, nicht umgekehrt. Die intelligente Regelung der Heizungsanlage und die Steuerung der Lüftung spielen Hand in Hand.

Raumwärme bezeichnet die Energiemenge, die man benötigt, um die Wohnräume auf eine bestimmte Temperatur zu bringen. Der Heizwärmebedarf hängt vom Zustand der thermischen Hülle des Gebäudes ab. Dazu zählen alle Außenwände, Bodenflächen und Decken, die beheizte Räume umschließen. Das Gebäudeenergiegesetz (GEG) hängt die Trauben für Neubauten sehr hoch. Detailliert schreibt es vor, wie die Wohngebäude zu dämmen und Wärmebrücken zu vermeiden sind. Im Neubau kann man den Baukörper relativ frei planen, also liegt der Schwerpunkt von Beginn an darauf, den Raumwärmebedarf so gering wie möglich zu halten. Man kann sie drehen und wenden, wie man will: Neubauten lassen sich auf dem Grundstück so positionieren, dass große Fenster nach Süden zeigen. Zwar gibt es im Sommer das Problem, dass man einen Sonnenschutz braucht, um den Raum abzuschatten. Im Winter gewinnt man durch die tiefe Sonne erhebliche Energieeinträge in den Raum, die die Heizung entlasten. In der Modernisierung ist die Bauphysik in der Regel gesetzt, nachträgliche Dämmung lässt sich nicht beliebig aufbringen. Generell gilt, dass man erst den Energieverbrauch des Gebäudes in den Keller schickt, bevor man hinterher geht, um sich die Wärmeerzeugung anzuschauen.

Die meisten Menschen empfinden 20 bis 22 °C als komfortabel. Im Bad dürfen es 24 °C sein, weil man sich gelegentlich unbekleidet darin aufhält. Im Hauswirtschaftsraum oder in der Küche genügen meist geringere Temperaturen. Oft brauchen sie überhaupt keinen Heizkörper oder keine Heizfläche. Die Abwärme der technischen Systeme reicht völlig aus. Auch die Schlafzimmer dürfen unter Umständen kühler sein, zwischen 16 und 18 °C.

Die Temperatur in der Raummitte sagt wenig über den tatsächlichen Wärmekomfort aus. Sind einige Wände kalt, weil sie nach außen ungenügend gedämmt wurden, kühlt sich die warme Luft daran ab. Sie sinkt zu Boden und bildet einen Kaltluftsee. Die verursachte Luftbewegung wird als kalter, störender Luftzug bemerkt. Das gleiche Phänomen entsteht an kalten Fenstern. Oft sind es auch kleine und unscheinbare Wärmebrücken, die kalte Ecken oder Stellen in der Wand verursachen. Besonders gefährdet sind Ecken zwischen zwei Außenwänden. Kalte Stellen sind oft feucht, weil der Taupunkt der warmen, mit Wasserdampf gesättigten Raumluft unterschritten wird. Es gilt: Je besser ein Gebäude gedämmt ist und je weniger Wärmebrücken es hat, umso geringer ist der Wärmebedarf für die Heiztechnik.

4.1 Die thermische Hülle

Man kann die Gebäudephysik groß in drei Bereiche einteilen: die Außenwände, das Dach und die unterirdischen Räume im Keller, sofern vorhanden. Alle Flächen, die beheizte Räume nach außen umschließen, bezeichnet man als thermische Hülle. Ihr ist besondere Sorgfalt zu widmen, weil die energetische Qualität der thermischen Hülle entscheidend für die Wärmeverluste durch Transmission im Material ist. Die Dämmung hat das Ziel, die Wärmewanderung durch die Wandmaterialien, das Dach und den Keller zu unterbinden.

4.1.1 Wärmedurchgangskoeffizient *U*

Alle Materialien leiten Wärme, allein durch ihre stoffliche Zusammensetzung. Manche Materialien wie Metalle sind sehr gute thermische Leiter. Andere wie Holz leiten die Wärme kaum. Der Wärmedurchgangskoeffizient eines Bauteils oder eines Baustoffes gibt an, wie viel Wärme (in Watt, W) pro Flächeneinheit über den Materialquerschnitt verloren geht. Man spricht auch von spezifischer Wärmeleitfähigkeit. Je geringer sie ist, desto geringer sind die zu erwartenden Wärmeverluste. Desto besser eignet sich das Material zur Dämmung.

Es ist eine Binsenweisheit, dass dünne Wände schneller Wärme abgeben als dicke Wände. Für den Wärmeübergang wesentlich ist die Differenz zwischen der Temperatur im Raum und draußen, angegeben in Kelvin (K). Je größer die Spanne, desto größer ist der Wärmesog zur kalten Seite. Also ist der Koeffizient U auf 1 Kelvin bezogen. Ob ein Gebäude oder ein Raum gut gedämmt sind, lässt sich sehr leicht überprüfen: Die Innenseite der Außenwand ist auch im heftigsten Winter warm. Sind die Wände kalt, geht zu viel Wärme verloren. Und im Raum entstehen kalte Fallströme der Luft, die sich als fröstelnder Luftzug bemerkbar machen. Man kann also sagen:

Das Ziel der Dämmung ist es, die Temperatur der Innenwände ausreichend hoch zu halten. Unter 12 °C besteht die Gefahr von Taubildung und Schimmel. Also sollte die Innenwand mindestens 15 °C aufweisen oder mehr. Je wärmer sie ist, desto besser wird die Wärme im Innern gehalten. Desto später machen sich die Übergangsverluste in der thermischen Hülle für die Bewohner bemerkbar. Umso später muss die Heiztechnik einspringen, um die Verluste auszugleichen. Umso kürzer ist die Heizperiode. Der Wärmedämmstandard des Gebäudes bestimmt die Heizgrenze, die in der Heizgrenztemperatur ausgedrückt wird. Der Aufwand für die Erzeugung von Raumwärme hängt direkt davon ab, sowohl die Bereitstellungstemperaturen als auch die Betriebsstunden und der Bedarf an Brennstoff oder anderen Wärmequellen.

Die einschlägigen Bauvorschriften schreiben Kennwerte für die verwendeten Materialien und Baugruppen vor beziehungsweise fordern, die thermische Qualität der Außenflächen zu berechnen. Die Zeiten von Pi mal Daumen sind vorbei. Alle Bauteile sind mit ihren *U*-Werten in den Programmen der Planer und Architekten abgelegt. Das GEG verfügt über umfangreiche Anhänge, in denen die verschiedenen Bauformen von Fenstern, Türen und Wänden erfasst sind. Gute Planungsprogramme erlauben es, die Konstruktion des Gebäudes und die Grundrisse so zu optimieren, dass die Wärmeverluste der Hülle minimiert werden.

Kantige Quaderbauten mit tiefen Schießscharten erfüllen zwar die Anforderungen an Passivhäuser. Ob man sie ansprechend und lebenswert findet, steht auf einem anderen Blatt. Das Passivhaus an sich kann nicht das Ziel des Planers sein. Viel besser ist ein Gebäude, das so viel Energie selbst erzeugt, dass es sich autark oder auf wirtschaftlich vertretbare Weise nahezu autark versorgt. Natürliche Baustoffe wie Holz und Lehm haben sehr gute thermische Eigenschaften, viel besser als Stahl und mancher Beton. Die Kombination verschiedener Materialien erlaubt thermisch optimierte Sandwichstrukturen und erweitert die gestalterischen Möglichkeiten. Augenmerk sollte der Gebäudeplaner auch darauf richten, welche Baumaterialien aus der Region verfügbar sind. Nicht nur der Betrieb eines Wohnhauses kostet Energie, auch seine Errichtung sollte möglichst effizient erfolgen. Und: Viele Probleme wie Schimmelbildung oder Feuchtigkeit gehen auf Fehler in der Gebäudekonstruktion zurück. Mangelnde Abfuhr von Kondenswasser oder Hinterlüftung von vorgehängten Fassaden verursachen Schäden, die sogar die Statik untergraben können.

Neuralgische Punkte der Wärmedämmung sind die Anschlüsse des Daches auf den Außenwänden und zum Boden, auch wenn es keinen Keller gibt (Abb. 4.1 und 4.2). Auch Anbauten wie Wintergärten, Garagen und Treppenhäuser bedürfen besonderer Aufmerksamkeit. Die Bodenplatte muss isoliert werden, ebenso die Grundmauern. Dabei geht es nicht nur um die Wärme, die verschwindet, sondern auch um Feuchtigkeit. Regenwasser drückt gegen die Grundmauern, feuchte Kellerwände sind die Folge. Die mangelhafte Isolation des Fundaments und der Kellerwände gegen Sickerwasser sind ein Dauerthema. Oder steigendes Grundwasser drückt von unten durch.

Sorgfalt beim Einbau von Fenstern, Türen oder Lüftungskanälen zahlt sich immer aus. Denn die Fenster sind nur dicht, wenn sie dicht in die Leibung eingebaut sind.

Über den Daumen gepeilt kann man sagen, dass zwischen 35 und 40 % der Heizwärme durch das Dach entfliehen. Etwa 30 % der Verluste treten im Keller auf, wo die Heiztechnik nicht selten unmittelbar an ungedämmten Wänden gegen das Erdreich abstrahlt. Rund 30 % gehen über die Außenwände ab, die von ihrer Fläche her viel größer sind als Dach und Keller. Bei neueren Gebäuden gibt es oft keinen Keller, dann steht der Wärmeerzeuger meist in einem ebenerdigen Haustechnikraum.

Abb. 4.1: Dächer sind besonders gut zu dämmen, nicht nur wegen der Wärmeverluste im Winter, sondern auch gegen Überhitzung durch die Sommersonne. Ein richtig gedämmtes Schrägdach ist im Sommer ähnlich gut temperiert wie die üblichen Räume im Wohnhaus.

Abb. 4.2: Diese Dachkonstruktion wurde nicht gedämmt, wohl aber die oberste Geschossdecke. Auf diese Weise lässt sich das Dach später einfacher ausbauen oder umbauen. Zudem ist es einfacher und preiswerter, die obere Geschossdecke zu dämmen als das verwinkelte Dach mit seinen Balken und der Lattung.

4.1.2 Wärmedämmung und Wärmebrücken

Wer billig baut, zahlt am Ende drauf. Das gilt für den Baukörper, das gilt für die Wärmedämmung. Ohne zu sehr ins Detail zu gehen: Die Wärmedämmung der Außenwände, des Kellers und des Daches sind sorgfältig zu planen und auszuführen. Schwerpunkt ist das Dach, weil die wertvolle Wärme immer nach oben flieht. Mineralische und pflanzliche (Holzfasern) Wärmedämmverbundsysteme sind der Standard. Besteht die Außenwand aus Holz oder anderen nur wenig wärmeleitenden Stoffen, kann man die Dämmung schmaler wählen. Dämmsysteme aus Erdöl wie Polystyrol kommen für uns nicht in Frage. Um den Verbrauch an Heizöl in den Keller zu schicken, klatscht man das Öl auf die Außenwände. Das ist widersinnig. Zumal Polystyrol bei nicht sachgerechter Anbringung (Fehlen von Brandschutzriegeln) oder bei ungenügender Sicherung unverputzter WDVS im Brandfall eine echte Brandfalle werden kann. Denn es ist gut brennbar, in der Dämmung bilden sich schwer zugängliche Glutnester aus. Zudem gilt Polystyrol als Sondermüll in der Entsorgung.

Es gibt keinen zwingenden Grund, Polystyrol zu verbauen, auch nicht in der Modernisierung. Einzig der niedrige Preis wird als Argument herangezogen. Freilich: Maßnahmen zur Wärmedämmung sind nicht zum Nulltarif zu haben, weil sich die Außenfläche der Gebäude schnell auf mehrere Tausend Quadratmeter summiert. Aber spätestens bei einem Einsatz der Feuerwehr und beim Rückbau macht sich die Investition in alternative, ökologischere Dämmsysteme bezahlt.

Die Wärmedämmsysteme müssen an der Fassade, in den Kellerwänden oder im Dach befestigt werden. Für uns ist wichtig, dass diese Befestigungselemente, wie alle Durchbrüche in der thermischen Hülle, als Wärmebrücken wirken. Schrauben, Metallanker, Zargen, Dübel: Sie leiten die Wärme nach außen ab und können die wohlgemeinte Dämmung erheblich beeinträchtigen. Auch Vorsprünge in der Außenwand, Anbauten wie Balkone mit Stahlträgern in die Gebäudestatik oder Außenwanddurchlässe für die Lüftungsanlage bilden Wärmebrücken (Abb. 4.3). Das ist kein Plädoyer für glatte, langweilige Fassaden. Man muss sich nur des Problems bewusst sein, um auch solche Bauteile ordentlich zu dämmen. Das GEG liefert wertvolle Hinweise zu Wärmebrücken, die Fachliteratur füllt Regale. Andererseits können vorgehängte Fassaden mit Solarmodulen, thermischen Solarkollektoren oder Solarluftkollektoren wie ein eigenes Dämmsystem wirken. Zwischen der Solarfassade und der thermischen Hülle bleibt ein kleiner Spalt, der durch die Abwärme der Solarmodule erwärmt wird. Thermische Kollektoren tragen auf der Rückseite eine dicke Dämmung, die Wärmeverluste aus dem Gebäude behindern könnte.

Im Neubau ist ein sehr hoher Dämmstandard gefordert und in der Regel kein Problem. Der Planer kann die Gebäudehülle gemäß ihrer Transmissionsverluste bei der Gebäudekonstruktion optimieren. Dazu sollten Architekten und Haustechnikplaner bereits im Entwurfsstadium eng kooperieren. Im Gebäudebestand ist diese Aufgabe ungleich schwieriger. Viele Wohngebäude stammen aus Zeiten, in denen schmutzige Energie sehr preiswert war. Alte Gebäude aus der Zeit vor dem Ersten Weltkrieg verfügen oft über starke Ziegelwände, die sehr gute thermische Eigenschaften aufweisen. In der Zwischenkriegszeit wurde gelegentlich leichter gebaut, die Raumwärme wurde durch einzeln stehende Kohleöfen erzeugt. Erst nach dem Zweiten Weltkrieg, mit dem Wirtschaftswunder in Westdeutschland, zogen wasserführende Zentralheizungen mit Gaskesseln oder Heizölbrennern in die Gebäude ein, der Anspruch an den Wärmekomfort stieg. Nicht selten sind die Gebäude sehr leicht gebaut, mit industriellen Materialien wie Stahl und Beton, die hohe Wärmeverluste aufweisen. Das war damals kein Problem, galt Energie doch als allzeit verfügbar. Sogar mit Strom wurde geheizt, durch Nachtspeicheröfen, eine Folge der vermeintlich billigen

Atomenergie. Diese Zeiten sind endgültig vorbei. Auch im Bestand gilt der Dämmung höchstes Augenmerk. Dort muss es das Ziel des Planers sein, einen vernünftigen Kompromiss zwischen Aufwand und Ergebnis zu finden. Besonders wenn der Denkmalschutz oder das Vorhandensein technischer Dämmrestriktionen, zum Beispiel Fassaden mit Stuck oder Ornamenten sowie Innenecken oder nicht zugängliche Wände und Böden gegen Erdreich, die Möglichkeiten einschränken.

Abb. 4.3: Anschlüsse von Balkonen, Anschluss von Fenstern und Türen in der Leibung oder andere Bauteile in der Fassade können Wärmebrücken bilden. Sie müssen besonders sorgfältig gedämmt werden.

Oft vernachlässigt wird die Dampfsperre. Sie verhindert, dass Wasserdampf aus der warmen Raumluft in die Wand diffundiert und dort kondensiert. Auch Feuchte bildet Wärmebrücken, weil Wasser ein guter Wärmeleiter ist. Und sie zerstört bei nicht sachgerechter Anbringung alle Dämmstoffe, die aus organischen Fasern bestehen, z. B. aus Holz oder Hanf.

Da alle Dämmstoffe aus organischen Rohstoffen vom Prinzip her brennbar sind, werden den Produkten Flammschutzmittel beigefügt. Eine spätere Freisetzung dieser Stoffe ist gegebenenfalls möglich, daher sollten bei der Auswahl der Dämmstoffe (vor allem für die Innendämmung) auch gesundheitliche Aspekte eine Rolle spielen. Anhaltspunkte liefern die EPDs (Environmental Product Declaration) der Hersteller. Sie geben Auskunft über die Freisetzung der Inhaltsstoffe von Baustoffen. Einige Flammschutzmittel, wie das vielfach in Polystyrol (EPS und XPS) eingesetzte HBCD (Hexabromcyclododecan), wurden von der europäischen Chemikalienagentur ECHA bereits als „besonders besorgniserregend" eingestuft. Mittlerweile ist der Einsatz von HBCD als Flammschutzmittel verboten. Borsäure, die z. B. bei Dämmstoffen mit Zellulose und Baumwolle Verwendung findet, wurde von ECHA auf die Kandidatenliste gesetzt.

Dämmung richtet sich nicht nur gegen Wärmeverluste. Holz beispielsweise ist zwar ein Baustoff, der nur wenig Wärme leitet. Aber Holzbauten sind sehr hellhörig. Deshalb dienen die Dämmungen in bestimmten Fällen auch dem Schallschutz. Die Trittschalldämmung in leichten Deckenkonstruktionen verhindert, dass sich die Bewohner unterer Etagen durch ihre Obermieter gestört fühlen. Andererseits können Wärmedämmverbundsysteme die Schalldämmung auch verschlechtern, deshalb sind sie bei Berechnung und Nachweis des Schallschutzes zu berücksichtigen.

4.1.3 Transparente Flächen

Unter transparenten Flächen versteht man Fenster und Glastüren oder andere transparente Bauteile in der thermischen Hülle. Im Idealfall richtet man sie nach dem Sonnenlauf aus, also nach Süden, Osten oder Westen. Sie lassen viel Licht ins Gebäude, was den Wohnkomfort erhöht. Früher baute man mit kleinen Fenstern, weil man die Räume sonst nicht warm bekommen hätte, und im Sommer hielt sich ohnehin niemand im Gebäude auf (Abb. 4.4). Heute bevorzugen die Menschen großzügige Grundrisse mit möglichst großen transparenten Flächen (Abb. 4.5). Allerdings stellen große Glasflächen den Planer vor mehrere Probleme. Zum einen bedeuten Fenster in der thermischen Hülle eine Lücke. Moderne Mehrscheibenverglasung und Wärmeschutzfenster haben jedoch so geringe Wärmeleitwerte, dass auch große Flächen kein Problem für die Dämmung darstellen. Lediglich die Anbindung der mineralischen Dämmplatten an die Fensterleibung muss sorgfältig ausgeführt sein, um Wärmebrücken zu vermeiden (Abb. 4.6). Holzrahmen sind Kunststofffenstern und Metallrahmen vorzuziehen, weil Holz die Wärme besser hält. Allerdings sind Holzfenster aufwändiger in der Herstellung und Wartung (Abb. 4.7).

Abb. 4.4: Fenster mit Einscheibenverglasung sind unbedingt auszutauschen. Sie sind nicht mehr zeitgemäß.

Abb. 4.5: Moderne Zweischeibenverglasung markiert den Mindeststandard in der Fenstertechnik.

Abb. 4.6: Tauscht man alte Fenster gegen neue Produkte aus, muss man das höhere Gewicht von Fenstern mit zwei oder drei Scheiben beachten. So muss die Leibung sorgfältig angepasst und nach der Montage abgedichtet werden.

Abb. 4.7: Fenster sind komplexe Bauteile. Holzfenster sind Fenstern aus PVC vorzuziehen, auch wenn der Aufwand zur Wartung höher ist.

Das beste Fenster bringt nichts, wenn es nicht fachgerecht eingebaut wird. Es muss luftdicht in die Leibung eingesetzt werden, damit die Lichtbrücke nicht zur Wärmebrücke wird (Abb. 4.8). Auch hat der Austausch alter Fenster manchmal die Konsequenz, dass die quasi natürliche Lüftung durch Ritzen und Spalte fortan nicht mehr funktioniert. Also ist zu prüfen, ob das Gebäude eine kontrollierte Wohnraumlüftung benötigt, um den Mindestluftwechsel zu gewährleisten. Hilfreich kann sein, in die Fensterrahmen Schlitze oder flache Kanäle zur Zwangslüftung zu fräsen. Das sollte der Hersteller der Fenster im Werk machen, um hohe Qualität zu sichern. Solche Lösungen bieten sich in Mehrgeschosswohnungsbauten an, wo der Einbau von Lüftungstechnik nur mit hohem Aufwand möglich ist. Auch sind die Mieter bei neuen Fenstern zu informieren, dass sie ihr Lüftungsverhalten ändern sollten. Zwar zieht es nicht mehr in den Räumen, aber der regelmäßige Griff zum Fensterhebel ist für den baulichen Feuchteschutz und die Lufthygiene unerlässlich.

Für Fenster gilt das Gleiche wie für Außenwände: Sind ihre Innenflächen kalt, kann Feuchtigkeit kondensieren. An Holzfenstern siedeln sich Schimmelpilze an, die das Material zerfressen. Sogar die PUR-Schäume zur Abdichtung der Fensterleibung wurden gelegentlich durch Mikroben zerfressen. Kalte Glasfenster verursachen im Winter außerdem eine kalte Fallströmung der Luft, auf dem Boden bildet sich ein knöchelhoher See aus kalter Luft. Denn die erwärmte Luft steigt an den warmen Innenwänden auf. Der fußkalte Boden wird als unangenehm empfunden. Eine Fußbodenheizung wirkt diesem Manko entgegen. Je geringer der *U*-Wert des Fensters ist, desto geringer ist das Problem unangenehmer Zugluft.

Abb. 4.8: Die Fensterbleche sollen Niederschläge und Feuchtigkeit von der Leibung und dem Mauerwerk abweisen. Entsprechend fachgerecht sind sie auszuführen. Andernfalls drohen Bauschäden.

Der Vorteil großer Glasflächen: Sie lassen auch im Winter viel Sonnenwärme ins Gebäude. Man spricht von passiven Solargewinnen. Diese Gewinne können die Heiztechnik wirksam entlasten. Wärmespeichernde Innendämmung aus Lehm unterstützt die Gewinne, indem sie die Sonnenwärme speichern und zeitverzögert in den Raum abgeben.

Im Sommer können die Gewinne jedoch ein Fluch sein. Schnell überhitzen die Räume (und ihre Bewohner). Die Ventilatoren der Lüftungsanlage kommen nicht hinterher, die Sonnenwärme aus dem Raum zu bringen. Man könnte mit Kühltechnik gegensteuern, sinnvoller ist jedoch ein äußerer Sonnenschutz durch Jalousien oder Rollläden. Ihre Lamellen können sogar photovoltaische Elemente aufnehmen, um Sonnenstrom zu erzeugen. Dieser Strom kann die Nachführung der Lamellen nach der Sonne speisen oder die Klimaanlage im Rollokasten. Manchmal reicht es aus, über die Glastüren zur Veranda ein Vordach zu ziehen, das bei den höheren Sonnenständen im Sommer abschattet. Die tieferen Sonnenbahnen im Winter hingegen können ungehindert in den Raum leuchten. Was sich immer gut auf die Wärmebilanz und das Klima im Gebäude auswirkt, sind Bäume. Im Sommer werfen sie Schatten, im Winter sind sie entlaubt.

4.2 Gut bedacht – Indach- und Aufdachsysteme

In diesem Abschnitt wollen wir uns kurz das Dach anschauen, sofern es energetisch von Belang ist. Flachdächer und Schrägdächer gibt es in den verschiedensten Bauformen, mit regionaler Ausprägung und historisch favorisierten Baustoffen. Entscheidend für uns sind zwei Dinge: Das Dach ist der Teil des Gebäudes, aus dem die meiste Wärme entweicht. Es ist besonders gut zu dämmen. Die Dämmplatten sind gut abzudichten, damit sie durch Niederschläge nicht durchfeuchten. Die

Unterspannbahn garantiert die Regensicherheit der Dacheindeckung. Auch die Dämmung braucht eine Dampfsperre zu den Stockwerken hin, damit sich kein Wasserdampf in der Dämmschicht abschlägt. Kritische Punkte sind die Züge von Schornsteinen und Kaminen sowie Lüftungskanäle.

Zum Zweiten unterliegt die Funktionalität des Daches einem funktionalen Wandel: vom Schutzdach zum Nutzdach. Denn durch Photovoltaikanlagen, solarthermische Kollektoren und kleine Windräder mutiert das Dach zum Stromgenerator. Dachfläche bedeutet nicht mehr nur, dass man so und so viele Quadratmeter Ziegel oder Trapezblech auflegen muss. Jeder Quadratmeter Dachfläche lässt sich in Kilowatt oder Kilowattstunden ausdrücken. Nähere Details zur Generatortechnik behandelt Kapitel 5, um einen ganzheitlichen Überblick zu geben. An dieser Stelle ist wichtig, dass das Dach über ausreichend Tragfähigkeit verfügt, um Solarpaneele aufzunehmen. Ein Solarmodul wiegt etwa 10 bis 12 kg/m^2. Man kann sie auf eine bestehende Dacheindeckung setzen (Aufdachanlage) oder als Ziegelersatz in die wasserführende Schicht (Indachsysteme).

Gebäude aus den Jahrzehnten nach dem Zweiten Weltkrieg sind häufig sehr leicht gebaut. Ihre Dächer verfügen kaum über Tragreserven. Diese Dächer sind nicht selten als leichte Folienflachdächer ausgeführt. Für sie eignen sich spezielle Solarmodule, die bereits auf Dachfolie vorgefertigt sind und mit der Dachhaut verschweißt werden. Solche Module haben ein Gewicht von 6 bis 8 kg/m^2. Die Anschlussdosen für den Sonnenstrom liegen oben, nicht wie bei den Standardmodulen auf der Rückseite.

Abb. 4.9: Indachmontage von Solarmodulen über vorgefertigten Blechen, die über der Unterspannbahn liegen. Die Bleche werden auf der Lattung verschraubt, ebenso die Modulklemmen. Sie halten die Modulrahmen, die speziell für diese Montageart entwickelt wurden (Indachmodule).

Verweilen wir einen Augenblick bei den Indachsystemen, weil sie die Dachkonstruktion unmittelbar betreffen. Bislang trauen sich nur wenige Architekten und Planer, die Solargeneratoren als

Dacheindeckung zu verwenden. Mittlerweile sind aber ausreichend erprobte Montagesysteme am Markt erhältlich, deren Hersteller die Dachdichtheit und Regensicherheit garantieren (Abb. 4.9). Es gelten die hohen Anforderungen des Regelwerks des Dachdeckerhandwerks, ohne Abstriche. So dürfen nur feuerfeste Materialien verbaut werden. Die Solarmodule und die Montageschienen, die auf der Lattung aufmontiert sind, müssen eine bestimmte Traglast nachweisen, gemäß aktueller Normung (Abb. 4.10). Einwirkungen durch den Wind sind in DIN EN 1991-1-4:2010-12 definiert, Lasten durch Schnee und Eis in DIN EN 1991-1-3:2010-12. Vor allem Schrägdächer bieten sich für Indachsysteme an, weil sie die Solarmodule schräg zur Sonne stellen. Entscheidend ist, dass die Dachlattung ausreichend tragfähig ist. Unter Umständen muss der Dachdecker einen kundigen Blick auf die Balken werfen.

Abb. 4.10: Dieses Solarmodul wird auf vorgefertigten Stahlwannen installiert, entweder im Dach oder an der Fassade. Solche Wannensysteme eignen sich vor allem für größere Flächen.

Eine Solaranlage im Dach erfordert vom planenden Architekten oder Installateur mehr Wissen über die Dachkonstruktion und die Abdichtung, ihre Montage dauert in der Regel etwas länger als Solaranlagen, die man einfach auf das Dach stellt. Doch zunehmend nutzen Hausbesitzer die Photovoltaik, um alte oder mit Asbest belastete Dächer zu sanieren. So wird das Dach vom Kostgänger zum Stromerzeuger.

Ein Wort zu den solaren Dachziegeln: Sie bieten sich eigentlich nur für denkmalgeschützte Gebäude an, wenn es nicht anders geht. Denn tausende kleine Dachschindeln mit Solarzellen erfordern eine akribische Verkabelung auf dem Dach. Jede Zelle und jeder Solarziegel brauchen vier Anschlüsse, um im String (Modulreihe) verkabelt zu werden. Auf die Dauer von 20 Jahren gerechnet dürften die filigranen elektrischen Verbindungen zwischen den Ziegeln sehr kritisch sein, vom Aufwand zur Installation und gelegentlichen Durchsicht oder Reparatur ganz abgesehen (Abb. 4.11 und 4.12).

Standardmodule für Sonnenstrom leisten rund 300 bis 380 W, auf etwa 1,6 m^2 Fläche. Vier Module aus kristallinem Silizium ergeben zwischen 1,20 und 1,52 kW, von rund 6 m^2 Dachfläche. In deutschen Breiten erzeugt jedes Kilowatt zwischen 900 und 1000 kWh Sonnenstrom im Jahr. Meist sind die Indachsysteme so gebaut, dass sie Dächer mit Neigungen zwischen 22° bzw. 25° und 65° bewältigen.

Abb. 4.11: In Dachziegel integrierte Solarzellen. Hier wird die Solartechnik in konventionelle Eindeckungen eingebaut – die Dachdeckung erfolgt in traditioneller Weise wie bei klassischen Dachziegeln.

Abb. 4.12: Eine Herausforderung bei den Solarziegeln liegt in der korrekten Verkabelung der zahlreichen Modulziegel und im Monitoring. Ihr Vorteil: Man benötigt keine gesonderte Montagetechnik.

Man muss beachten, dass die Solarpaneele großflächigere Bauteile sind als die kleinen, handlichen Tonziegel oder Schindeln. Deshalb entstehen durch den Wind größere Soglasten. Daher sind die Vorschriften der Hersteller für den Abstand und die Profilstärke der Lattung unbedingt einzuhalten. Dann brauchen die Solarmodule meist keine spezielle Unterkonstruktion, das System wird direkt auf der Dachlattung verschraubt. Dachlatten mit 40 x 60 mm sind vielerorts Standard. Für schmalere Kanthölzer – etwa 30 x 50 mm – muss man unter Umständen den statischen Nachweis rechnen oder sie verstärken. Andernfalls könnten sie sich als zu schwach erweisen. Für die Verschraubung der Modulrahmen auf der Lattung braucht man Holzbauschrauben mit bauaufsichtlicher Zulassung. Die Verschraubung der Dachlattung richtet sich nach der Konstruktion des Dachstuhls. Entweder werden die Konterlattung und die Querlattung miteinander verschraubt, eine zweite Schraube stellt die Verbindung zum Sparren her. Oder der Installateur bindet die Lattung mit größeren Schrauben durch die Konterlattung hindurch direkt am Sparren an.

Die größte Herausforderung bei den Indachsystemen liegt also nicht in der Photovoltaik und der Elektrik, sondern in der hochwertigen Montage auf dem Dach. Indachsysteme sollte ein Dachdecker installieren, der selbst die kleinsten Details im Auge behält. So werden zwischen den Modulen bestimmte Dehnungsfugen vorgesehen, um die temperaturbedingte Längenausdehnung der Module zu berücksichtigen. Dadurch treten keine thermischen Spannungen in den Modulen oder im Dach auf. Die Module werden in eine Montageschiene eingehängt, mit deren Hilfe man die Anlage auch erden kann. Die Schiene wird auf die Konterlattung geschraubt. Seitlich stecken die Module durch ein Nut-Feder-System zusammen. Die oberen Modulreihen liegen wie Dachziegel auch auf den unteren auf, damit der Regen besser abfließen kann.

Das sollte der Elektromeister nicht selber machen, das ist Sache des Dachdeckers. Am besten ist es, wenn die verschiedenen Handwerksbetriebe miteinander kooperieren oder der Installationsbetrieb die Fachleute mehrerer Gewerke in seinem Mitarbeiterstamm hat. Ein besonderes Augenmerk ist auf die Hinterlüftung der Solarmodule zu legen. Durch die Verwendung von 40 mm starken Kanthölzern für die Dachlattung entsteht unter den Modulen ein ausreichend großer Spalt, in dem der Kamineffekt die Abwärme der Solarzellen abführen kann. Dieser Querschnitt reicht dafür aus. Außerdem befinden sich im Modulrahmen spezielle Öffnungen, um die Wärme beispielsweise an den Anschlussdosen abzuführen. Die Dosen werden bei Verschattung der Module besonders warm, auch diese Wärme muss abgeführt werden. Andernfalls erreichen die Solargeneratoren nicht die hohen Erträge wie bei Aufdachsystemen. Sie werden über Dachhaken an die Lattung angeschraubt. Die Haken tragen die Modulschienen, auf denen die Montageklemmen für die Solarmodule hocken. Sie halten die Paneele auf dem Dach, die mindestens 20 Jahre stromen sollen.

Bei Aufdachsystemen wird das Gebäude durch die klassische Eindeckung vor Regen, Wind und Schnee geschützt. Bei den Indachsystemen gibt es ausreichende Überlappungsstrecken, Spezialgummis dichten die Solarfläche ab. Der Installateur bekommt die Solarmodule entsprechend vorgefertigt geliefert. Die Regensicherheit ist Bestandteil der Produktgarantie (Abb. 4.13).

Trotz des höheren Aufwands wird eine Indachanlage mit 3 bis 4 kW an einem Tag installiert. Zunächst muss der Dachdecker die Unterspannbahn verlegen und die Lattung vorbereiten. Dann werden die Module aufgebracht. Es folgen nachbereitende Arbeiten wie die Dacheinblechung von Fenstern oder der Dachkante, sie hängen stark vom jeweiligen Dach ab.

Abb. 4.13: Spezialkonstruktion mit metallischer Wanne zur Modulmontage. Dieses System eignet sich gut für Gründächer und Flachdächer.

Sehr oft wird übersehen, dass für Umbauten am Dach spezielle Vorschriften zum Brandschutz gelten. Denn die Landesbauordnungen schreiben in der Regel sogenannte harte Bedachungen vor, die widerstandsfähig gegen strahlende Wärme und Flugfeuer sind (Abb. 4.14). Dazu gehören Ziegel, Blechdächer und bestimmte Abdichtungen, die über entsprechende Zulassungen verfügen. Wird die Solaranlage aufs Dach gesetzt, braucht man den Brandschutz nicht neu nachzuweisen. Bei Generatoren als Ziegelersatz muss ein Prüfzeugnis vorgelegt werden, dass das Dach mit Solaranlage die Anforderungen an die harte Bedachung erfüllt.

Abb. 4.14: Aufdachsystem mit vorgefertigter Kunststoffwanne: Diese Technik verteilt die Gewichtskräfte und die Windlasten der Solaranlage sehr gut auf dem Dach. Der Kunststoff muss die Normen für harte Bedachungen erfüllen.

Eine gute Indachanlage ist zum Preis einer vergleichbaren Aufdachanlage erhältlich. Mitte 2022 kostete das Kilowatt Generatorleistung mit Montage und Verkabelung rund 1300 bis 1500 Euro (ohne Mehrwertsteuer). Dagegen muss man die eingesparte Eindeckung und die Entlastung bei den Stromkosten rechnen. Das kann sich innerhalb weniger Jahre amortisieren. Auf alle Fälle nutzt die Indachanlage die statischen Reserven des Daches besser aus und spart die Kosten für die Ziegeleindeckung. Auch wirkt sie optisch besser, vor allem mit schwarzen, monokristallinen Solarmodulen in einem Dach mit schwarzen Ziegeln. Solche Systeme sind nicht nur für kleine Dächer geeignet. Damit kann man auch große Fabrikdächer veredeln. In alpinen Lagen gelten besondere Anforderungen an die Schneelasten im Winter. Auch sind die Solarmodule gegen Hagelschlag zu prüfen. In den Regionen des Alpenvorlandes und in den Bergen sollte die geprüfte Widerstandsklasse mindestens HW 4 (Hagelkörner mit 40 mm Durchmesser) erreichen. Der TÜV zertifiziert auch die Regendichtheit und Brandsicherheit der Indachysteme.

Ein Sonderfall sind Dächer, die mit Asbest belastet sind. Das trifft auf Bauten der jüngeren Zeitgeschichte zu, die nach dem Wirtschaftswunder entstanden sind. Um Asbestdächer zu sanieren, muss man zugelassene Spezialbetriebe konsultieren. Sie sind nach den Technischen Richtlinien zur Gebäudesanierung (TRGS) 519 für diese Aufgabe qualifiziert. Statt des alten Daches kann man beispielsweise Trapezblech auflegen. Mithilfe des selbst erzeugten Stroms aus der Solaranlage lassen sich die Mehrkosten gut darstellen.

Prinzipiell sollten alle Neubauten mit Dächern ausgestattet werden, die Solargeneratoren tragen. Seit 2020 gilt in der EU die Europäische Gebäuderichtlinie (2010/31/EU), auch als Directive on Energy Performance of Buildings (EPBD) bekannt. Man spricht von „Fast Nullenergiegebäuden" oder auch „nearly zero-energy buildings". Die Umsetzung in deutsches Recht erfolgte mit dem Gebäudeenergiegesetz. Darin sind alle Vorschriften für Neubauten und Bestandsgebäude zusammengefasst.

Die Photovoltaik ist mittlerweile so preiswert geworden, dass sie in der Gesamtinvestition für ein Wohngebäude kaum noch ins Gewicht fällt. Die Ausrichtung des Gebäudes und die Konstruktion des Daches sollten die Nutzung der Sonne als Energiespender begünstigen. Dabei muss das Solardach nicht unbedingt nach Süden weisen. Photovoltaikdächer mit der Ausrichtung nach Osten und Westen haben zwar einen etwas geringeren Stromertrag als Südgeneratoren. Aber sie haben im Tagesverlauf zwei Ertragsspitzen: am Vormittag und am späten Nachmittag. Das passt unter Umständen besser zu den Bewohnern, die tagsüber und unter Mittag zur Arbeit oder in der Schule sind. Ost-West-Anlagen passen auch besser zu stationären Batterien, die man kleiner bauen kann als in Generatoren, die eine starke Ertragsspitze zur Mittagszeit aufweisen.

Man kann auch kompliziertere Systeme als die photoelektrischen Solarmodule übers Dach führen. Dazu gehören solarthermische Kollektoren, Solarluftkollektoren oder die Solekreise von Wärmepumpen, die auf dem Dach durch die Sonne vorgewärmt werden. Manche Solarabsorber zur Schwimmbaderwärmung werden in Schlaufen aus PE-Rohren über das Flachdach der Garage geführt.

Zu guter Letzt trägt das Dach maßgeblich zum Brandschutz und zum Blitzschutz bei. Wenn eine Photovoltaikanlage auf den Dächern stromt, sind die Generatoren auf oder im Dach durch geeignete Maßnahmen abzusichern. Fangstangen, Erder und Überspannungsschutzschalter gehören ebenso zur Anlagentechnik wie Solarzellen, Wechselrichter oder die Verkabelung. Für den Brandschutz und den Schutz der Löschkräfte im Brandfall brauchen Photovoltaikanlagen spezielle Abschaltsysteme und Brandschutzschalter. Scheint die Sonne, schieben die Solarmodule weiter eine elektrische Spannung nach, auch wenn die Feuerwehr das Hausnetz im Gebäude abgeschaltet hat. Um einmal mit einem weit verbreiteten Irrtum aufzuräumen: Weder Photovoltaikanlagen noch solarthermische Generatoren erhöhen das Brandrisiko in einem Gebäude.

Die meisten Brände in Deutschland entstehen durch Defekte oder unsachgemäßen Umgang mit Feuerungstechnik (Gas) sowie Kurzschlüssen in elektrischen Haushaltsgeräten.

4.2.1 Schutz gegen Blitze und Überspannungen

Der Schutz eines Gebäudes gegen Blitze und Überspannungen ist keine Angelegenheit, die nur das Dach betrifft. Im Gegenteil: Viele Überspannungsschäden (Blitze) treten von unten durch den Keller ins Gebäude ein. Etwa, wenn der Blitz in der Nachbarschaft in den Mast einer Stromleitung oder in einen Transformator einschlägt. Früher beschränkten sich Blitzschäden auf einige wenige elektrische Haushaltsgeräte. Heute sind daneben Computer, elektrische Tore, Photovoltaikgeneratoren, Brennstoffzellen und Speicherbatterien an die Hausversorgung angeschlossen. Manchmal hängt schon ein Elektroauto an der Ladedose in der Garage. Mit der Digitalisierung und der Sektorkopplung steigt der Bedarf, die elektrischen Versorgungssysteme zu sichern.

Denn die Schäden wachsen: Laut Gesamtverband der Deutschen Versicherungswirtschaft wurden 2021 rund 210.000 Schäden gemeldet, die auf Blitze zurückgehen. Diese verursachten 2021 einen Schaden von rund 200 Millionen Euro. Die Schadenssumme stieg im Vergleich zu 2020 um 20 Millionen Euro an, die Zahl der Schäden um 30.000. Zudem steigen die Kosten je Schadensfall. Denn die Gebäude sind zunehmend mit hochwertiger Elektronik und elektrischen Haushaltsgeräten ausgestattet, die auf Blitzeinschlag unter Umständen sehr sensibel reagieren.

Nach Angaben des Blitzdienstes (Blids) der Firma Siemens geht der Klimawandel mit erhöhtem Blitzrisiko einher. Am meisten hat es 2021 im Landkreis Starnberg und in Baden-Württemberg geblitzt. Vor allem in Starnberg südlich von München krachte es sehr oft: Mit 7,6 Einschlägen pro Quadratkilometer führt der Landkreis die Liste an, vor Augsburg (5,9 Blitze pro Quadratkilometer). Drittstärkste Blitzregion war der Bodenseekreis in Baden-Württemberg (ebenfalls 5,9).

Baden-Württemberg wies 2021 eine Blitzdichte von 2,61 auf, liegt damit vor Bayern (2,18 Blitze pro Quadratkilometer), Schleswig-Holstein (1,67) und Hamburg (1,66). Bundesweiter Durchschnitt waren 1,4 Blitze pro Quadratkilometer. Die Zahl der Blitze im Bundesgebiet stieg um knapp ein Viertel auf etwa 491.000.

Je näher die Landkreise und Städte an die Alpen rücken, umso höher ist ihr Blitzrisiko. Risikoarme Regionen sind also eher im Norden der Republik zu finden. In Solingen gab es mit 0,18 Blitzen pro Quadratkilometer die wenigsten Einschläge. Brandenburg an der Havel (0,20) und der Stadtkreis Bremen (0,26) waren 2021 ausgesprochen blitzarm.

Das bedeutet: Niemand ist vor Blitzen sicher. Und niemand kann sich – versicherungstechnisch gesprochen – auf höhere Gewalt berufen, wenn der Blitz in die Solarmodule rauscht. Oder über das Erdreich und die Hauselektrik ins Gebäude eindringt.

Im Herbst 2016 wurden deshalb zwei wichtige Normen neu gefasst. Die DIN VDE 0100-443 und DIN VDE 0100-534 regeln die Notwendigkeit und Anwendung für Überspannung in Stromversorgungen bis 1000 V (AC) und 1500 V (DC).

Die DIN VDE 0100-443 beschreibt die Anforderungen für den Schutz elektrischer Anlagen gegen transiente Überspannungen, die über das Stromversorgungsnetz übertragen werden, inklusive Schaltüberspannungen und Überspannungen aufgrund atmosphärischer Einflüsse. Solche Überspannungen werden auch als innerer Blitzschutz bezeichnet, weil sie in der Regel durch den Hausanschluss ins Gebäude eintreten oder in den Stromleitungen des Hauses wirksam werden

– ohne dass ein Einschlag auf dem Dach erfolgt. Die Änderungen schließen Wohnhäuser und kleine, gewerblich genutzte Gebäude verbindlich ein. Zudem wird bei freileitungsgespeisten Anlagen ein Überspannungsschutz gefordert.

Parallel zur DIN VDE 0100-443 erschien die DIN VDE 0100-534, welche die Anwendung und Auswahl von Überspannungsschutzgeräten (SPD) regelt.

Exkurs zum Blitzschutz

Für den Blitzschutz gilt die DIN EN 62305 (VDE 0185-305). Zum Teil 3 (Ausführung) erschien 2014 das Beiblatt 5 „Blitz- und Überspannungsschutz für PV-Systeme". In dem dreißigseitigen Werk werden alle Details zum fachgerechten Schutz der Solaranlagen gegen Blitze und Überspannungen erläutert. Neue technische Regeln begründet dieses Beiblatt nicht, denn es handelt sich um eine informative Norm. Sie ist keine Verpflichtung, sondern soll helfen, die Blitzschutznorm richtig umzusetzen.

Darin beschrieben sind die erforderlichen Maßnahmen zum inneren und äußeren Blitzschutz, zum Überspannungsschutz, zur Verlegung der Kabel und Leitungen sowie ihre Schirmung sowie zur Erdung und zum Potentialausgleich für den Blitzschutz.

Die Blitzschutznorm DIN EN 62305 ist insgesamt in vier Teile gegliedert: Allgemeine Grundsätze, Risikomanagement, Schutz von baulichen Anlagen und Personen, elektrische und elektronische Systeme in baulichen Anlagen. Sie bietet Daten zur Blitzgefährdung in Deutschland, Berechnungshilfen zur Abschätzung des Schadensrisikos für bauliche Anlagen sowie Informationen für die Prüfung und Wartung von Blitzschutzsystemen. Die Norm berücksichtigt die Gefährdung (direkte und indirekte Blitzeinschläge, Strom und Magnetfeld des Blitzes), die Schadensursachen (Schritt- und Berührungsspannung, gefährliche Funkenbildung, Feuer, Explosion, mechanische und chemische Wirkungen, Überspannungen), die zu schützenden Objekte (Gebäude, Personen, elektrische und elektronische Anlagen, Versorgungsleitungen) und die Schutzmaßnahmen (Erdungsmaßnahmen, Potentialausgleich-Maßnahmen, räumliche Schirmung, Leitungsführung und Leitungsschirmung, Einsatz von Überspannungsschutzgeräten).

Zwischenzeitlich wurden auch weitere Normen und Vorschriften modernisiert:

- DIN EN IEC 62561 (VDE 0185-561) Blitzschutzsystembauteile (LPSC)
- DIN EN 61643-31 (VDE 0675-6-31) Überspannungsschutzgeräte für Niederspannung Teil 31: Anforderungen und Prüfungen für Überspannungsschutzgeräte in Photovoltaik-Installationssystemen
- DIN CLC/TS 50539-12 (VDE V 0675-39-12) Überspannungsschutzgeräte für den Einsatz in Photovoltaik-Installationen – Auswahl
- DIN VDE 0100-443 Errichten von Niederspannungsanlagen – Teil 4-44: Schutzmaßnahmen
- DIN VDE 0100-534 Errichten von Niederspannungsanlagen – Abschnitt 534: Überspannungs-Schutzeinrichtungen (SPDs)
- VDE 0100-712 Errichten von Niederspannungsanlagen – Teil 7-712: Photovoltaik-(PV)-Stromversorgungssysteme

Die Schadensversicherer bieten eine eigene Richtlinie zum Blitz- und Überspannungsschutz an.

Zu beachten ist gegebenenfalls, dass der Denkmalschutz auch bei der Solaranlage auf dem Dach ein Wörtchen mitredet. In vielen Ämtern der Unteren Denkmalbehörde geistert nach wie vor die Ansicht, dass zweifellos erhaltungswürdige Bauten auf demselben technischen Stand versorgt werden sollen wie im Jahrhundert ihrer Errichtung. Vor allem Dachgeneratoren für Sonnenstrom oder solarthermische Kollektoren werden als ästhetische Störung verstanden. Das Alte kann man jedoch nicht bewahren, wenn die Gebäude nicht mit ihren Bewohnern leben und sich weiterentwickeln. Der Markt bietet zunehmend Produkte an, auch diese Probleme zu lösen. So gibt es die erwähnten Dachziegel mit integrierten Solarzellen, bei denen man von der Straße nicht erkennt, dass die Ziegel zugleich Strom erzeugen (Abb. 4.15). Bei denkmalgeschützten Gebäuden sind Indachsysteme erste Wahl, um die Solarpaneele optisch unauffällig ins Dach zu integrieren. Das bedeutet aber nicht automatisch, dass die Verhandlungen mit der Unteren Denkmalbehörde zur Baugenehmigung dadurch einfacher werden.

Abb. 4.15: Bei diesem Indachsystem wurden spezielle Solarpaneele wie Dachziegel verwendet. Das Dach muss ausreichend steil sein, damit die Unterkanten der Kleinmodule nicht verschmutzen, sondern sich durch den Regen selbst reinigen.

4.3 Der Raum für die Haustechnik

Vom Dach in den Keller: Dieser unterste Raum der Gebäudekonstruktion dient vielerlei Funktionen. Er ist Speicher für Lebensmittel, Brennstoffe, Warmwasser, Heizwasser und neuerdings Sonnenstrom, in Form von stationären Batterien (Abb. 4.16). Manchmal beherbergt er einen Wohnraum, eine kleine Bar, eine Werkstatt. Gelegentlich laufen Gefriertruhen und Waschmaschinen im Keller oder in einem dafür vorgesehenen Raum, wenn kein Keller vorhanden ist. Meist gibt es einen speziellen Raum für die Heiztechnik, in dem auch die Wärmeverteilung mit den Umwälzpumpen und den Zirkulationspumpen für Warmwasser untergebracht ist. Im Keller befinden sich der Hausanschluss für Kaltwasser und der Zähler zum örtlichen Stromnetz.

An dieser Stelle geht es um den Raum im Keller oder in der oberen Gebäudekonstruktion, in dem die Haustechnik untergebracht ist. Darin befinden sich die Brennertechnik, Speicher für Wärme und Strom sowie die Verteilung der Heizkreise nebst Pumpen (Abb. 4.17) und die elektrische Verteilung nebst Wechselrichter der Photovoltaikanlage (Abb. 4.18). Dort stehen in der Regel auch die Wärmepumpen oder die Geräte mit Brennstoffzellen, sofern sie zur Gebäudeversorgung installiert wurden. Einzelne Komponenten können natürlich je nach örtlichen Bedingungen auch an anderen Stellen im Gebäude platziert werden - oder außerhalb (z. B. Splitverdampfer von Luft-Wasser-Wärmepumpen).

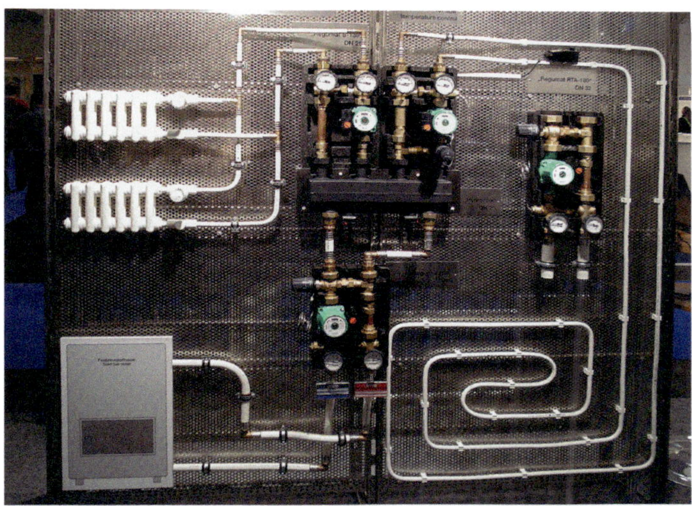

Abb. 4.16: Dieses Modell zeigt die Aufgabe des Haustechnikraums: Er birgt vor allem die Wärmeerzeuger, Wärmespeicher und die Wärmeverteilung in die Flächenheizsysteme oder Heizkörper. Seine Pumpen und ggf. der Speicher sind das thermische Herz der Wärmeversorgung.

Abb. 4.17: Drehzahlgeregelte Umwälzpumpe im Heizkreis eines Wohngebäudes. Sie ist durch zwei Absperrventile rechts und links abgesichert. Das vereinfacht die Wartung und ggf. den Ersatz der Pumpe.

Abb. 4.18: Elektrische Installation in einem Wohnhaus mit Drehstrom (dreiphasiger Niederspannung) und Wechselrichter für die Photovoltaikanlage. Mit dem Eigenverbrauch erhöhen sich die Anforderungen an die Elektrik, denn zusätzliche Zähler und Sicherungen werden benötigt.

Abb. 4.19: Die Solarstation gibt Aufschluss über den Betriebszustand der solarthermischen Anlage; sie speist ihre Wärme in einen Speicher, um Warmwasser zu bereiten und die Heizung im Winter zu unterstützen.

Zunächst interessiert uns, dass Kellerräume in der Regel besonders belastet sind: durch mangelnde Lüftung, durch Feuchte und Abwärme. Abgase aus Verbrennungstechnik dürfen nicht durch den Keller geleitet werden. Sie benötigen eine spezielle Abgasführung gemäß Bundesimmissionsschutz-Verordnung (BImSchV). Im Keller befinden sich manchmal die Pelletlager, wenn das Haus mit Holzpellets versorgt wird. In älteren Gebäuden befindet sich im Keller der Hausanschluss für die Gasversorgung, manchmal auch Öltanks für den Kessel. In der Nähe des Schaltschranks mit den Zählern befinden sich meist der Wechselrichter für die Photovoltaikanlage sowie die Steuerung der Batteriepakete für den Eigenverbrauch des Solarstroms (Abb. 4.19).

Wichtig ist, dass alle technischen Systeme frei zugänglich sein sollten (Abb. 4.20). Zähler, Thermometer, Pumpen und Displays sollten gut ausgeleuchtet sein, damit man die Werte gut ablesen kann (Abb. 4.21). Um die Wartung und Reparaturen zu erleichtern, ist ausreichend Bewegungsfreiheit zu planen. Hydraulische Leitungen und Kabel sind möglichst kurz und geradlinig zu führen und deutlich zu beschriften. Alle hydraulischen Leitungen sind zu dämmen. Auch die Kaltwasserleitung braucht ordentliche Dämmschalen, weil sich am kalten Metallrohr sonst Wasser abschlägt. Gleiches gilt für alle Pumpen, Manometer, Thermometer, Ventile und andere Bauteile in der Heizungshydraulik (Abb.4.22).

Abb. 4.20: Heizkreisverteilung mit Absperrventilen. Alle Armaturen sollten frei zugänglich sein, um die Wartung zu erleichtern.

Abb. 4.21: Übersichtliche Anordnung der Armaturen und Thermometer: Ist der Haustechnikraum gut aufgeräumt, sauber und nicht wärmer als die Wohnräume, haben der Planer und Installateur in der Regel ihren Job ordentlich gemacht.

Abb. 4.22: Der Notschalter für die Heizung sollte sich unbedingt leicht zugänglich außerhalb des Heizungsraumes befinden und eindeutig gekennzeichnet sein.

Im Keller stehen oft auch die zentralen Speicher für Heizwärme und Warmwasser (Abb. 4.23). Auch sie sind gut zu dämmen. Welche thermische Qualität ein Heizungskeller (und der verantwortliche Installateur) hat, erkennt man leicht am Mikroklima: Ist der Keller tropisch warm und feucht, ist die Hydraulik nicht richtig gedämmt, irgendwo suppt eine Leckage. Gut aufgeräumte und korrekt installierte Anlagentechnik heizt den Keller nicht mehr auf als die Wohnstube.

Abb. 4.23: Horizontal eingebauter Warmwasserspeicher in einem Heizungskeller. Für diesen Einbau eignet sich jedoch nicht jeder Speichertyp, denn in der Regel werden die Speicher vertikal aufgestellt und erwärmen sich von oben nach unten (Schichtladung).

Der Keller bietet sich auch als Aufstellort für luftgeführte Warmwasser-Wärmepumpen an, mit integriertem Vorratsspeicher. Sie nutzen die Abwärme eines Kessels oder anderer Systeme aus, um Warmwasser zu bereiten. Weil sie die warme Umgebungsluft thermisch entladen, wandeln sie den Wasserdampf in der Warmluft in Kondensat um, das abgeführt wird. Auf diese Weise kann man feuchte Räume gut austrocknen, was andere Funktionen wie das Betreiben eines Wäschetrockners oder die Lagerung von Lebensmitteln unterstützt. Es empfiehlt sich, elektrische Verbraucher mit gewisser Abwärme in einem Raum zu konzentrieren: Gefriertruhen, Kühlschränke oder Waschmaschinen. Ihre Abwärme, die während des ganzen Jahres anfällt, speist die Wärmepumpe für die Warmwasserbereitung (Abb. 4.24).

Auch Kessel oder Gasthermen befinden sich oft im Keller. Das wollen wir an dieser Stelle nicht vertiefen, mit einer Ausnahme: Ein Blockheizkraftwerk (BHKW) kann den Photovoltaikgenerator auf dem Dach wirksam unterstützen, vor allem im Winter oder in der Übergangszeit. Moderne Gasgeräte verfügen über einen Motor, dessen Drehzahl man steuern kann, ebenso die Laufzeit des

Aggregats. Das BHKW erzeugt Strom und Abwärme, die zur Heizung genutzt wird. Im Sommer bleibt es ausgeschaltet, weil der Sonnenstrom vom Dach ausreicht, um das Warmwasser direkt zu erzeugen. Das erfolgt über einen Tauchsieder (Heizschwert) im Wasserspeicher oder im Pufferspeicher, der eine Frischwasserstation thermisch versorgt. Oder der Sonnenstrom treibt eine separate Warmwasser-Wärmepumpe an. Noch besser sind effiziente Brennstoffzellen, die kaum Abwärme erzeugen. Sie erlauben es, die gesamte Energieversorgung eines Wohnhauses durch elektrischen Strom abzudecken. Die ersten Geräte sind am Markt verfügbar und haben sich in zahlreichen Anwendungen bewährt. Näheres findet sich im Kapitel 5. Auf jeden Fall sollte man versuchen, die Bereitung von Warmwasser vom Heizsystem zu trennen. Dann sind auch spätere Umbauten oder Anpassungen einfacher. Denn ein Gebäude und seine Anlagentechnik müssen mit der Zeit gehen. Im Laufe der Jahre und Jahrzehnte verändern sie sich, wie ihre Bewohner und deren Bedürfnisse.

Abb. 4.24: Haustechnikraum in der Heizstation einer Reihenhaussiedlung. Sie wird aus Wärmepumpen und einem Stirling-Blockheizkraftwerk versorgt. Die alten Gaskessel wurden entfernt, stattdessen Warmwasserspeicher und Pufferspeicher nachgerüstet. In der Mitte befindet sich das Membranausdehnungsgefäß, das aufgrund der erheblichen Rohrlängen und der zirkulierenden Heizwassermengen sehr groß ist.

4.4 Garagen und Carports

Mit dem Wirtschaftswunder trat nicht nur die wassergeführte Heiztechnik ihren Siegeszug durch die deutschen Wohngebäude an. Auch der Verbrennungsmotor gehörte fortan zum Selbstverständnis des Bürgers. Neben den Wärmekomfort, die lückenlose Versorgung mit elektrischem

Strom und frischem Trinkwasser trat die individuelle Mobilität. Moderne Gebäude werden von mobilen Bewohnern genutzt, sie bergen auch die Fahrzeuge und gelegentlich Kraftstoffe für die Tanks. Meist sind die Garagen als geschlossene Anbauten, freistehende Einzelbauten auf dem Grundstück oder als offene Carports konzipiert. In der Regel gehören diese Anbauten am Wohnhaus nicht zur thermischen Hülle, bleiben also unbeheizt. Aber sie sind in das elektrische Hausnetz integriert.

Haustechnik und Mobilität durchlaufen ähnliche technologische Entwicklungen: Sie verabschieden sich von der Verbrennungstechnik. In den Fahrzeugen halten Elektromotoren Einzug, die aus leistungsfähigen Akkumulatoren gespeist werden. Näheres findet sich dazu weiter unten bei den Stromspeichern (s. Abschn. 4.7.2) und der Elektromobilität (s. Abschn. 4.7.3). An dieser Stelle interessieren die baulichen Konsequenzen. Beispielsweise bieten sich die flachen Dächer von Garagen und Carports oft für photovoltaische Sonnengeneratoren an (Abb. 4.25). Der Aufwand, sie mit Solarmodulen zu belegen, ist meist geringer, als auf dem Schrägdach des Wohnhauses. So braucht man bis Montagehöhen von drei Metern kein Gerüst zu stellen, um die Solarmodule zu montieren. Freitragende Carports kann man nachträglich mit Photovoltaikdächern ausstatten, auf luftigen Unterkonstruktionen aus Holz, Stahl oder Aluminium. Die verwendeten Solarpaneele können semitransparent sein, also teilweise lichtdurchlässig. Da es sich meist um Überkopfverglasung handelt, sind besonders robuste und langlebige Glas-Glas-Module die erste Wahl. Schnell ist an den Pfosten des Carports eine Ladestation oder eine ausreichend abgesicherte Ladedose für das Elektroauto montiert. Die Einspeisung des Sonnenstroms ins Hausnetz erfolgt durch den Wechselrichter. Denkbar sind großzügige Solardächer, die den Stellplatz der Fahrzeuge mit Abstellflächen für Fahrräder (Pedelecs) oder (elektrische) Gartengeräte kombinieren. Sogar die Regentonne findet darunter Platz, ebenso der Grillplatz.

Abb. 4.25: Moderne Carports erzeugen den Strom für das untergestellte Fahrzeug selbst: durch Photovoltaik auf dem Dach

Nicht zu unterschätzen ist der Carport oder das Garagendach als Einstiegsdroge für die Solartechnik. Viele Hausbesitzer scheuen zunächst die Investition in 8 oder 10 kW Generatorleistung, die das Hausdach anbietet. Auf dem Carport sind nur 2 kW – oder vielleicht 3 kW – machbar. Mehr Fläche steht nicht zur Verfügung. Aber allein von dieser Solarfläche lassen sich im Jahr zwischen 2000 und 3000 kWh ernten – eine deutliche Entlastung des Strombudgets der Familie. So eine Photovoltaikanlage lässt sich gut finanzieren, sie ist innerhalb eines Tages installiert und angeschlossen.

Garagen für Autos mit Dieselmotoren oder Ottomotoren brauchen eine gute Entlüftung. Damit verursachen sie im Winter jedoch einige Wärmeverluste, vor allem wenn die Garage zu einem gewissen Grad beheizt wird. Garagen für Elektroautos brauchen keine Entlüftung der Abgase. Die Fahrzeuge verursachen auch keinen Lärm beim Anlassen. Und man kann sie selbst und vor Ort aus dem Hausnetz aufladen, beispielsweise in der Nacht oder mittags, wenn die Sonne prasselt. Auf diese Weise tragen das Gebäude und das Grundstück mit ihren Generatoren dazu bei, die Verbrauchskosten für die Mobilität nachhaltig zu senken. In einem durchschnittlichen Privathaushalt betragen die Ausgaben für Kraftstoffe im Jahr mehrere tausend Euro. Umgerechnet auf elektrischen Strom schmilzt dieser Berg auf wenige hundert Euro – oder gar noch weniger.

Was für Garagen gilt, kann man ohne Weiteres auf gewerbliche Anbauten übertragen. Das können Werkstätten sein, Büroräume oder Verkaufsräume. Wobei letztere meist in die thermische Hülle des Gebäudes einbezogen sind. Im Winter werden sie durch die Haustechnik mit beheizt. Ihre Dachflächen bieten sich für Photovoltaik nahezu an.

Zunehmender Beliebtheit erfreuen sich transparente oder semitransparente Glasdächer für Carports, Unterstände oder Wintergärten. Solche Überkopfverglasungen kann man sehr gut mit Photovoltaik verbinden, indem man spezielle Doppelglasmodule mit integrierten Solarzellen verbaut. Schon sind Produkte am Markt erhältlich, die über eine Allgemeine bauaufsichtliche Zulassung durch das Deutsche Institut für Bautechnik verfügen. Solarmodule gelten demnach als Verbundsicherheitsglas (VSG), wenn sie bestimmte Eigenschaften nachweisen. Große Module sind umlaufend zu lagern und gegen Windsog zu sichern. Aus statischer Sicht müssen die zulässigen Spannungen und Durchbiegungen eingehalten werden.

4.5 Balkone und Brüstungen

Nicht mit Mieterstrom zu verwechseln sind die sogenannten Steckersolarmodule oder Balkonmodule, die man immer häufiger sehen kann, vor allem in städtischen Ballungsräumen (Abb. 4.26). Man bezeichnet sie auch als Stecker-PV, Balkon-PV oder Guerilla-PV. Das sind sehr kleine Solarsysteme, die man einfach an die Steckdose des Balkons oder des Stromkreises der Wohnung angeschließt. Sie sollen den Mietern oder Eigentümer der Wohnungen erlauben, sauberen Strom selbst zu erzeugen und zu nutzen.

Um die Systeme über die normale Steckdose, Schuko-Stecker oder sogenannte Wieland-Stecker an den einphasigen elektrischen Versorgungskreis einer Wohnung anschließen zu können, brauchen sie einen eigenen Wechselrichter. Er befindet sich auf der Rückseite der Module und setzt den Gleichstrom aus dem Solarmodul in 220-Volt-Wechselstrom um (Abb. 4.27). Meist werden die Balkonmodule von den Anbietern mit Montagetechnik geliefert: einem Fuß zur Aufstellung und einer Halterung für die senkrechte Modulmontage.

Abb. 4.26: Balkonmodule im Berliner Stadtteil Pankow

Abb. 4.27: Montage eines Balkonmoduls mit Mikrowechselrichter (Foto: Bosswerk)

Bis 600 Watt Nennleistung erlaubt

Grundsätzlich sind diese Systeme bis 600 Watt Nennleistung erlaubt, sofern sie die entsprechenden technischen Normen erfüllen. Das sind ungefähr zwei Solarmodule. Allerdings sind die Preise für solche Systeme meist sehr hoch, verglichen mit den Kosten für Solarstrom beispielsweise von Dachanlagen. Umgerechnet auf die tatsächlich mögliche Solarstrommenge können diese Balkonsysteme schnell Kosten erreichen, die eine Kilowattstunde deutlich teurer machen als vom Ökostromversorger.

Denn: Senkrecht am Balkon angebrachte Solarmodule nutzen im besten Fall nur rund 70 bis 80 Prozent ihrer elektrischen Nennleistung, weil sie nicht optimal zur Sonne stehen. Das gilt für alle vertikalen Installationen an Fassaden oder Balkonen.

Wer Balkonmodule installiert, muss gemäß den technischen Normen darauf achten, dass der Stromzähler über eine sogenannte Rücklaufsperre verfügt. Das verhindert, dass der Stromzähler rückwärts dreht, wenn überschüssiger Solarstrom aus der Wohnung ins Hausnetz fließt.

Alle Pflichten gelten

Für Balkonanlagen gelten alle Vorschriften, wie für sämtliche Generatoren im Niederspannungsnetz, was Wartung, Durchsicht und Meldepflichten (Marktstammdatenregister der Bundesnetzagentur!) betrifft.

Es ist sinnvoll, eine Balkonanlage bei der Hausverwaltung anzuzeigen und sich gegebenenfalls die Genehmigung einzuholen. Ein Recht auf den Einbau gibt es nicht. Vor dem Anschluss empfiehlt es sich, das Wohnungsnetz von einer Elektrofachkraft auf die Eignung überprüfen zu lassen.

Standsicherheit meist unterschätzt

Ein Hinweis zur Standsicherheit: Für Balkonmodule gilt – wie für alle Gegenstände auf einem Balkon – die Pflicht, sie verkehrssicher anzubringen. Das heißt, auch bei starken Böen dürfen sie nicht vom Balkon geweht werden. Fallen sie vom Gebäude und wird jemand verletzt, ist der Eigentümer der Balkonmodule voll haftbar. Die meisten mitgelieferten Montagesysteme sind viel zu schwach, um die Balkonmodule bei einem Sturm zu halten.

Deshalb ist stets zu empfehlen, die Module fest an der Brüstung zu montieren, mit geeigneten Rahmen und Klemmen. Dann ist es einfacher, sich Standardmodule zu kaufen und sie mit Modulwechselrichtern zu kombinieren. Neuerdings gibt es auch kleine Smart Meter, die den Ertrag der Module genau aufzeichnen (Abb. 4.28).

Sinnvoll für Tiefkühlung oder Warmwasser

Sinnvoll sind Balkonmodule nur, wenn der Strombedarf einer Wohneinheit im Tagesverlauf sehr hoch ist, vor allem im Sommer. Tiefkühltruhen oder Warmwasserspeicher bieten sich idealerweise an, um den Sonnenstrom aufzunehmen und thermisch vorzuhalten. Sehr kleine Stromspeicher (Solarbatterien) mit Balkonmodulen zu kombinieren, um den Sonnenstrom am Abend oder nachts nutzen zu können, ergeben aus Kostengründen keinen Sinn.

Eine Alternative ist, alle Balkone eines Mehrfamilienhauses mit Solarmodulen auszustatten und den gewonnenen Sonnenstrom für die Hausversorgung oder den elektrischen Aufzug zu nutzen. Auch die zentrale Warmwasserbereitung im Keller kann den Sonnenstrom nutzen um den Legionellenschutz zu sichern und warmes Trinkwasser für den Abend und den kommenden Morgen zu bereiten.

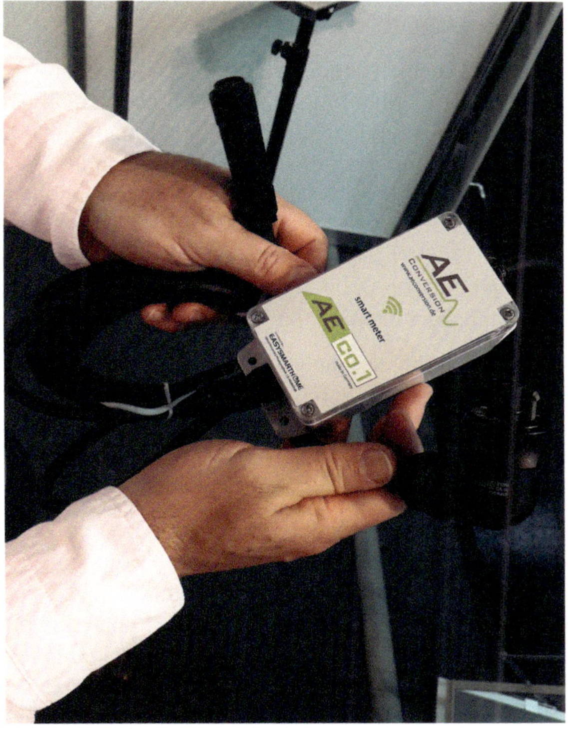

Abb. 4.28: Smart Meter für Balkonmodule von AEConversion

4.6 Kamine und Schornsteine

Zum Wohngebäude gehörten früher stets auch die Abluftzüge für das verbrannte Gemisch aus Brennstoff und Luft. Im Neubau braucht man die Kamine und Schornsteine eigentlich nur noch, wenn ein Scheitholzkamin oder ein Holzofen eingebaut wird. In den Mietskasernen der Städte oder bei anderen größeren Wohngebäuden könnte der (nachträgliche) Einbau eines Blockheizkraftwerkes notwendig sein, um die Photovoltaik im Winter zu ergänzen. Blockheizkraftwerke erzeugen elektrischen Strom und Abwärme zugleich, man spricht von Kraft-Wärme-Kopplung. Weshalb man bei den BHKW stets zwei Leistungsparameter angibt: die elektrische und die thermische Leistung. Auf reine Heizkessel mit Erdgas oder Heizöl sollte der moderne Planer verzichten. Wenn Wärmepumpen, Sonnenkollektoren, Photovoltaikmodule und Windräder nicht ausreichend Energie liefern, sind die gasgetriebenen BHKW mit Kraft-Wärme-Kopplung ein notwendiger Kompromiss. Es gibt motorgetriebene BHKW, sie verfügen über einen Gasmotor, der einen Generator speist. Die Wärme entsteht als Abwärme durch die Verbrennung des Gases. Brennstoffzellen sind chemische BHKW, die Strom und Wärme ohne Motor erzeugen. Sie nutzen Membranen und Katalysatoren, um das Brenngas zu zerlegen. Meist verwenden auch sie Erdgas, das in einem Reformer zu Methan umgewandelt wird. Sowohl motorbetriebene BHKW als auch die Brennstoffzellen greifen auf Gastechnik zurück. Die Gasmotoren benötigen obendrein einen Kamin, wie normale Gasheizkessel oder Gasthermen auch.

Gastechnik sollte dennoch aus dem Gebäude verschwinden. Denn Erdgas ist ein Explosivstoff, giftig und verursacht Kohlendioxid. Man muss die Zuleitungen gemäß den technischen Regeln des Gasfaches absichern. Jährlich ist eine Sichtprüfung vorzunehmen, alle 12 Jahre eine Druckprüfung. Der Abzug der Verbrennungsgase ist durch den zuständigen Kaminkehrer regelmäßig zu überprüfen, ebenso die Zündung der Gasgeräte. Aufgrund der hohen Temperaturen durch die Flammen unterliegen Gasgeräte einem hohen Verschleiß. So muss ein kleines BHKW mit 4,5 kW elektrischer Leistung und 12,5 kW thermischer Leistung ungefähr alle 4000 Betriebsstunden gewartet werden, also einmal im Jahr. Dabei werden die Zündkerzen gewechselt, das Gerät gereinigt und die Schleifkontakte (Kohlebürsten) am Generator überprüft.

Gasgeräte durchfeuchten den Kamin, der die verbrannte Luft ins Freie bringt. Anders als Heizöl enthält Erdgas oder Stadtgas keinen Schwefel, aber mehr Wasser. Wenn 1 m^3 Erdgas verbrennt, entstehen rund 1,6 Liter Kondensat, das sich an den kühlen Mauern des Schornsteins abschlägt. Innerhalb der Rohrführung verursacht es Rost, weshalb man heutzutage feuerfesten Edelstahl verbaut. Gemauerte Kamine zersetzen sich durch die Feuchte, sie zerbröseln und werden weich.

Aus diesem Grunde ist die Sanierung des Kamins sehr wichtig, wenn man die Wärmeerzeuger im Wohngebäude erneuert. Heizkessel, die Heizöl verbrennen, erzeugen im Abgas unter anderem Schwefeloxide. Denn das Heizöl führt bis zu 2 % Schwefel mit, der im Brennraum gleichermaßen oxidiert, wie der Kohlenstoff in den schweren, organischen Ketten des Brennstoffes. Kühlt sich das Abgas auf seinem Wege ins Freie ab, schlägt sich Wasserdampf an den Wandungen des Kamins nieder. Mit den Schwefeloxiden zusammen bildet die Brühe ein saures Gemisch, einen kleinen, sauren Regen. Die Säure und der Sauerstoff in der Luft greifen das Mauerwerk an und verwandeln es in Gips. Man spricht von Versottung, leicht an gelblich-braunen Flecken zu erkennen. Versottete Kamine riechen übel, sie verpesten die Luft im Gebäude.

In der Modernisierung ist immer zu prüfen, ob die Schornsteine sanierungsbedürftig sind. Das gilt auch, wenn man sie künftig nicht mehr benötigt. Denn immer bilden sie eine Quelle störender Gerüche. Und man kann sie sehr gut für die Kabelführung beispielsweise der Photovoltaikanlage auf dem Dach oder die hydraulischen Anschlüsse von solarthermischen Kollektoren verwenden. Alte Kamine in eine Lüftungsanlage einzubinden, verbietet sich aus hygienischen Gründen von selbst und ist nicht zulässig.

Noch ein Wort zu den beliebten Holzfeuerstellen im Wohngebäude. Scheitholz, Holzpellets oder Hackschnitzel verbrennen unter atmosphärischem Druck. Nur bei automatischen Pelletkesseln gibt es eine Regelung der Verbrennungsluft wie bei Ottomotoren in der Fahrzeugtechnik (Lambda-Sonde). Deshalb verbrennen die festen Holzbrennstoffe sehr ungleichmäßig. Die Homogenität der Verbrennung ist beim Erdgas zum Beispiel viel besser, Heizöl wird mit Verbrennungsluft verwirbelt, wie der Sprit im Auto. Mit festen Brennstoffen funktioniert das nicht. Also wird der im Holz gebundene Kohlenstoff nur ungleichmäßig verbrannt.

Neben Kohlendioxid und Rauchgas entsteht Ruß, der als feine Partikel (Feinstaub) mit dem heißen Abgas in den Kamin wandert. Wie bei jeder Verbrennungstechnik lagert sich auch im Schornstein des Holzkamins das Kondensat ab. In Verbindung mit dem Ruß bildet sich eine sehr feste Teerschicht, man spricht von Verpechung. Solche Kamine stinken und zeigen dunkle Flecke. Kamine für Feuerstätten mit festen Brennstoffen müssen aus Materialien gebaut sein, die sicher gegen Rußbrände sind. Es empfehlen sich Edelstahlkamine, die man auch in einen bestehenden, gemauerten Kamin einsetzen kann. Der Querschnitt des Kamins richtet sich nach der Feuerstätte und dem Brennstoff. Gültige Tabellen liefern die Hersteller der Feuerstätten gemäß DIN EN 13384. Zu beachten ist, dass Holzfeuerungen immer Asche verursachen. Die Asche ist brandsicher aufzufangen, sie muss gelegentlich entsorgt werden. Bei Feuerungen mit Hackschnitzeln bildet sich gelegentlich Schlacke, die man manuell vom Rost der Brennkammer entfernen muss. Nähere Hinweise zu Schornsteinen und Kaminen beinhalten die Feuerstättenverordnung (FeuV), Landesbauordnungen der Länder und DIN V 18160 (Hausschornsteine). Wird der Luftschacht im Kamin für eine Solarleitung genutzt, darf man nur nichtbrennbare Baustoffe und hitzebeständige Rohrdämmungen verwenden. Für die Kamine von Feuerstätten für Scheitholz eignen sich Edelstahl, Edelkeramik, glasierter oder unglasierter Schamotteton und Ziegel.

4.7 Energie speichern

Um den Energiebedarf eines Gebäudes und seiner Bewohner zu decken, muss man Energie (Strom und Wärme) erzeugen und in den Räumen entsprechend ihren Funktionen verteilen. Um die Erzeugung zeitlich von der Nutzung zu entkoppeln, braucht man Speicher. Ein bekannter Speicher ist das Stromnetz, das wie eine gigantische Batterie funktioniert. Allseits bekannt sind auch die thermischen Pufferspeicher, die oft den Heizkesseln nachgeschaltet sind. Der Kessel feuert seine Wärme in das Heizwasser des Speichers, das wiederum die Heizkreise der Wohnräume mit ihren Radiatoren und Heizflächen versorgt.

Oft unterschätzt wird das Gebäude, das aufgrund seiner Bauweise und Materialien selbst wie ein Wärmespeicher wirkt. Vor allem massive Bauteile eignen sich gut, um Sonnenwärme aufzunehmen und zu parken, bis der Raum am Abend die Wärme abfordert. Man spricht von solarer Bauteiltemperierung, prinzipiell ist diese Technik aber mit allen Energieerzeugern machbar. Beispiel ist der kleine Holzofen, der mit dicken Lehmwänden umgeben wird. Sie wirken wie Wärmespeicher und geben die Energie nur langsam an die umliegenden Räume ab.

Im Neubau bietet sich die solare Bauteiltemperierung an, wenn man ohnehin thermische Solarkollektoren auf dem Dach verwendet. In der Übergangszeit, wenn die Sonne an Kraft verliert, geben die typischen Flachkollektoren viel geringere Temperaturen ab als im Sommer. Diese Restwärme lässt sich jedoch nutzen. Man schleift den Vorlauf des Solarkreises durch die massive Wand, in der hydraulische Schleifen (Wärmetauscher) eingebaut sind. Schon 20 oder 25 °C aus den Kollektoren können die Temperierung eines Raumes spürbar unterstützen. Denn über die große Fläche des Bauteils wird die in seiner Masse gespeicherte Energie in den Raum abgestrahlt. Die Wärmepumpe (oder früher: der Kessel) müssen nur noch das fehlende Quäntchen aufbringen.

Die Speicherfähigkeit eines Bauteils hängt von verschiedenen Faktoren ab: Masse, Dichte, Wärmeleitfähigkeit und spezifische Wärmekapazität des Materials. Die geometrische Form und die Abstrahlflächen spielen gleichfalls eine wichtige Rolle. Solarthermisch aktivierte Bauteile sollten zentral im Raum stehen, damit sie ihre Wärme nach allen Seiten abstrahlen können. Im Sommer können sie als passive Kühlflächen dienen, deren Wärmetauscher die überschüssige Wärme aus dem Raum zieht. Die abgegebene Wärme ergibt sich aus der Spreizung am Wärmetauscher. Bei 30 °C im Vorlauf und 25 °C im Rücklauf beträgt die Spreizung 5 K. Zur Kühlung könnte ein solches System mit 16 °C im Vorlauf und 22 °C im Rücklauf fahren. Man muss aber anmerken, dass (solar)thermische Systeme immer sehr aufwändig in der Herstellung und Planung sind. Mit photovoltaischen Generatoren und elektrischen Widerstandsheizflächen und Kühlflächen ist der Aufwand ungleich geringer.

Thermisch aktivierte Bauteile lassen sich am einfachsten aus formbaren Baustoffen wie Beton oder Lehm fertigen. Für die Oberfläche eignen sich Lehmputze, Steine, Kiesel oder Sande, ebenso Steinfliesen. Holz ist ungeeignet, weil es den Wärmestrom blockiert.

4.7.1 Thermische Pufferspeicher

Um wertvolle Energie vorzuhalten, bedient man sich in der Regel eines oder mehrerer spezieller Speicher. Sie puffern die Energie in ihrer nutzbaren Form, also als Strom oder Wärme, bis sie tatsächlich benötigt wird. Durch Photovoltaik, kleine Windkraftrotoren, Wasserkraftturbinen oder BHKW gewinnt die Speicherung von Strom eine immer höhere Bedeutung. Klassisch sind die thermischen Pufferspeicher für die Versorgung mit Wohnwärme und Warmwasser.

Der Wärmespeicher wird von mehreren Faktoren bestimmt: von den Systemtemperaturen in den Heizkreisen, vom Wärmebedarf der Räume und von der Art und Weise, wie die Wärme erzeugt wird. Regenerative Heiztechnik mit Wärmepumpen oder solarthermischen Kollektoren benötigen stets einen Pufferspeicher (Abb. 4.29). Allerdings kommen Wärmepumpen meist mit kleineren Puffern aus als die Solarthermie. Denn solarthermische Kollektoren werden im Sommer sehr heiß. Sie müssen die Sonnenwärme schnell in einen Speicher bringen. Wird die Wärme nicht rechtzeitig abgeführt, steigt der Druck in den Kollektoren. Die Flüssigkeit im Solarkreis siedet, bis die Kollektoren platzen. Das Problem: Ausgerechnet im Sommer braucht kein Mensch Heizwärme. Dennoch muss man den Solarpuffer mit 50 Liter je Quadratmeter Kollektorfläche veranschlagen. Technisch gesehen ist der Pufferspeicher in diesem Fall kein Wärmesammler für die Bewohner, sondern ein sehr groß dimensionierter Überhitzungsschutz für die Kollektoren. Das ist ein wichtiger Grund, auf sie zu verzichten. Steht ausreichend Speichervolumen zur Verfügung, etwa durch ein Nahwärmenetz oder andere technische Wärmesenken, sind die solarthermischen Kollektoren durchaus sinnvoll. Aber durch den Preisverfall bei der Photovoltaik sind kombinierte Systeme aus Photovoltaik und Wärmepumpen der Solarthermie mittlerweile in den meisten Fällen überlegen, auch bei den Kosten, erst recht, wenn man die Speicher und die hydraulischen Anschlüsse nebst Solarpumpen, Steuertechnik und Sicherheitsventilen einrechnet.

Abb. 4.29: Gut gedämmter Pufferspeicher in einem Heizungskeller. Im Hintergrund befindet sich das Membranausdehnungsgefäß für die Verteilhydraulik.

Zwar gibt es bereits sogenannte Sonnenhäuser, die einen sehr hohen Anteil an Sonnenwärme für die Heizwärme und Warmwasser im Gebäude versprechen. Diese Fertighäuser haben sehr große Kollektorflächen, entsprechend riesig ist der erforderliche Solarpuffer. Bei einigen Modellen ist der Solarpuffer mit 9 m^3 oder mehr Fassungsvermögen wie ein Turm ans Gebäude gestellt, dick in Dämmwolle eingepackt. Oder er befindet sich in der Gebäudemitte, sodass die Bewohner unablässig um den Solarspeicher herumlaufen müssen. Das ist gut gewollt, jedoch durch die technische Entwicklung überholt.

Denn der Pufferspeicher sollte nur nach dem Wärmebedarf der Bewohner im Winter ausgelegt werden, so klein wie nötig (Abb. 4.30). Kleine Speicher lassen sich besser dämmen als große, sie haben geringere Verluste. Für eine Wärmepumpe kann man den Pufferspeicher genau dimensionieren (Abb. 4.31). Wer Sonnenwärme nutzen will, führt photovoltaisch erzeugten Sonnenstrom über einen Elektroheizstab in den Speicher. Wer die Warmwasserbereitung von der Heizwärmeversorgung konsequent trennt, hat es noch leichter. Dann hilft der Solarstrom beim Warmwasser, für die Raumwärme ist ausschließlich die Wärmepumpe zuständig.

Abb. 4.30: Flansche für zusätzliche Einbauten in den Pufferspeicher. An diesen Anschlüssen kann man beispielsweise eine Heizpatrone für Solarstrom integrieren.

Abb. 4.31: In dieser Anlage laufen zwei Wärmepumpen in Kaskadenschaltung und zwei Pufferspeicher, gleichfalls als Tandem

Wird ein BHKW oder eine wassergeführte Holzfeuerung kombiniert, muss der Pufferspeicher auch die kurzzeitig angebotene Abwärme des Motors oder die Verbrennungswärme des Kessels aufnehmen. Er ist entsprechend größer zu dimensionieren (Abb. 4.32).

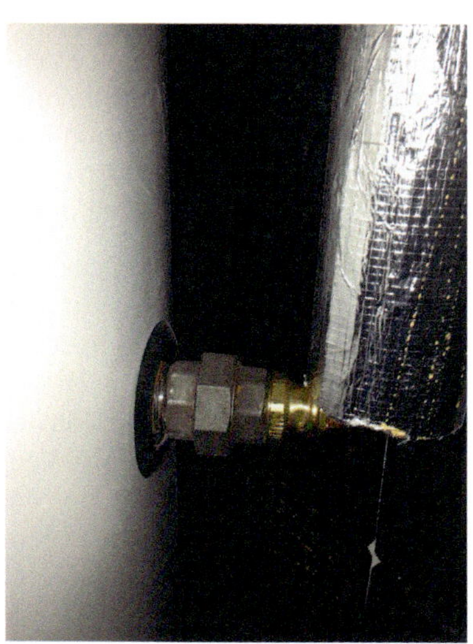

Abb. 4.32: Anschluss des Kessels an den Pufferspeicher: Auch er sollte ordentlich gedämmt sein, damit keine Wärme verloren geht; denn die Anlage soll die Wohnräume wärmen, nicht den Heizkeller

Ein Wort zu den Bereitstellungstemperaturen: Moderne Systeme zur Raumwärmeversorgung kommen mit geringen Temperaturen aus. Jedes Kelvin, dass der Pufferspeicher weniger aufbringen muss, ist ein Gewinn an Energie. Ohne dem Kapitel zur Wärmeverteilung vorzugreifen, hier ein kurzer Überblick der Temperaturen im Pufferspeicher:

- Für Fußbodenheizungen: 35 bis 40 °C,
- für Wandheizflächen: 40 bis 50 °C,
- für Sockelheizungen: 40 bis 50 °C,
- für Niedrigtemperaturheizkörper: 40 bis 50 °C,
- für Radiatoren und Konvektoren: mehr als 50 °C.

Wird als Heizmedium Luft verwendet (Luftheizungen), lässt sich die Wärme nur schwer speichern. Denn Luft hat eine verschwindend geringe spezifische Wärmekapazität. Deshalb sind Luftheizungen immer Direktheizungen ohne Pufferspeicher. Und deshalb brauchen sie im Vergleich zu Wärmesystemen mit Heizwasser viel höhere Temperaturen im Vorlauf. Die Folge sind Staubverschwelung und trockene Zugluft. Soll heißen: Wassergeführte Systeme mit Wärmepumpen oder elektrische Heizsysteme mit regenerativ erzeugtem Strom sind überlegen.

4.7.2 Stationäre Stromspeicher

Bis vor wenigen Jahren war die Stromerzeugung wenigen Großkonzernen vorbehalten. Durch Photovoltaik, Brennstoffzellen oder Kleinwindkraft kann mittlerweile jedermann seinen eigenen Strom erzeugen. Mehr als 1,5 Millionen Solargeneratoren gibt es in Deutschland bereits, ihre Zahl wächst unablässig.

Wer auf seinem Grundstück selbst Strom erzeugt und ihn im Gebäude nutzen möchte, macht sich von der Preispolitik der Energiekonzerne und der politischen Ausrichtung unabhängig. Dann bietet sich ein Zwischenspeicher für den Sonnenstrom an, auch als stationärer Speicher bezeichnet – im Unterschied zu den mobilen Akkumulatoren in Kraftfahrzeugen.

Bekannt sind Nachtspeicheröfen, in denen billiger Nachtstrom genutzt wurde, um Wärme zu erzeugen. In Baden-Württemberg starteten Mitte 2014 die ersten Versuche, solche Nachtspeicheröfen für Windstrom oder Sonnenstrom zu nutzen. Denn zwischen der elektrischen Speicherung und der Wärmeabgabe liegt eine gewisse Zeitverschiebung, die sich für die abendliche Wärmeversorgung ausnutzen lässt. Auch können die Nachtspeicheröfen Überspannungen im Netz durch zu viel Windkraft aufnehmen, um das Netz zu entlasten.

Bevor wir uns die derzeit bekannten Stromspeicher anschauen, wollen wir einen Blick auf ihre Einbindung in der Elektrik werfen. Solargeneratoren beispielsweise erzeugen Gleichstrom, der in einem Wechselrichter in netzkonformen Wechselstrom umgewandelt wird. Kleinwindräder und BHKW nutzen rotierende Generatoren. Sie geben einen Wechselstrom ab, dessen Frequenz von der Drehzahl des Generators abhängt. Beim BHKW kann man meist mehrere Drehzahlen einstellen, dennoch liefert die Maschine einen Netzstrom mit 50 Hz. Ein Frequenzumrichter erledigt die Anpassung. Windräder drehen sich je nach Windgeschwindigkeit. Der Wechselstrom aus dem Generator wird in einem Zwischenkreis auf getakteten Gleichstrom umgesetzt. Erst danach setzt ein Wechselrichter den Strom auf Netzfrequenz um.

Elektrochemische Speicher (Batterien, Akkumulatoren) kann man jedoch nur mit Gleichstrom beladen. Das bedeutet, dass man vor allem bei der Kombination mehrerer Generatoren genau planen muss, wie die elektrischen Ströme gesteuert werden. DC-geführte Batteriesysteme führen den Sonnenstrom direkt in die Batterie. Erst wenn die Batterie entladen wird, springt ein Wechselrichter ein, um Wechselstrom mit 50 Hz herzustellen. AC-geführte Systeme setzen den Gleichstrom aus der Solaranlage und der Brennstoffzelle zuerst in Wechselstrom um. Soll der Strom die Batterie beladen, muss er durch einen Ladewechselrichter erneut in Gleichstrom umgesetzt werden. Die AC-geführten Systeme haben verständlicherweise etwas höhere Wandlungsverluste, weil sie mehrere Umwandlungsstufen in der elektrischen Kette haben. Aber: Man kann verschiedene Generatoren einfacher kombinieren. Denn dem Ladewechselrichter der Batterie ist es egal, aus welcher Quelle der Ladestrom stammt. Die Anlage lässt sich flexibler errichten und später unter Umständen erweitern. Denn bei DC-geführten Systemen muss man die Generatoren sehr genau auf die Batterien abstimmen. Allerdings sind die Wandlungsverluste geringer als in AC-Systemen.

Abb. 4.33: Blei-Gel-Speicher im Haustechnikraum eines Wohnhauses mit integrierter Gewerbeeinheit (Büro); mehr Platz wird nicht benötigt

Als stationäre Speicher für regenerativen Strom sind vor allem Bleibatterien (Abb. 4.33) und Akkumulatoren mit Lithium-Technik bekannt. Weil die technologische Entwicklung bei den stationären Stromspeichern gerade erst begonnen hat, wollen wir uns an dieser Stelle auf einen Überblick beschränken. Stromspeicher sind elektrische Systeme, die speziell für den Brandschutz des Gebäudes und den Überspannungsschutz abzusichern sind. Selbst wenn die Feuerwehr im Brandfall das Hausnetz vom Stromnetz trennt, bleibt die Batterie (wie der Sonnengenerator auf dem Dach) unter Spannung. Der Laderegler braucht also eine separate Freischaltung, damit Zuleitungen und die Steckdosen im Gebäude wirklich ohne Spannung sind (Abb. 4.34).

Abb. 4.34: Einbau eines Blei-Flüssig-Akkus in einem Mehrfamilienhaus: Die schweren Batteriezellen befinden sich am Boden, darüber hängen die Ladeelektrik und die Wechselrichter der Photovoltaikanlage

Andererseits bieten die Batterien einen unschätzbaren Vorteil, der bisher in Wohngebäuden kaum eine Rolle spielte: die unterbrechungsfreie Stromversorgung (USV), kurz Notstromversorgung genannt. In Regionen, die von Überflutungen bedroht sind, bietet es sich an, die Batteriepakete unter das Dach zu montieren, auf dem der Solargenerator stromt. Das kann auch für integrierte Gewerbeeinheiten oder Werkstätten von Bedeutung sein (Abb. 4.35).

Abb. 4.35: Die Speicherbatterie benötigt keinen eigenen Zähler, wohl aber die Photovoltaikanlage, der Hausanschluss, die Wärmepumpe und – falls vorhanden – der zweite Generator

Elektrisch interessante Daten und Anschlusswerte der Batterien sind neben der Speicherkapazität die kurzzeitige Maximalleistung (in Kilowatt, kW), die sie abgeben können. Manchmal gibt man auch die maximalen Ströme zur Ladung und Entladung an.

Bleispeicher nutzen Blei in der elektrochemischen Paarung mit Säure oder einem sauer wirkenden Gel. Bleibatterien kann man nur zur Hälfte entladen. Man muss also die doppelte Speicherkapazität (brutto) ansetzen, um die nutzbare Kapazität (netto) zur Verfügung zu haben (Abb. 4.36). Die Kapazität wird stets in Kilowattstunden angegeben. Um beispielweise 8 kWh füllen zu können, braucht man 16 kWh brutto. Blei ist schwer, also kann der Speicher sehr wuchtig werden. Allerdings sind Bleibatterien relativ preiswert. Auch wird sich bei der Entladetiefe noch einiges tun, die Technik ist längst nicht ausgereizt. Blei-Säure-Batterien benötigen eine Entlüftung, denn sie gasen während der Entladung. Einmal im halben Jahr (oder in längeren Abständen) ist der Säuregrad mit einem Säureheber zu überprüfen, gelegentlich muss destilliertes Wasser nachgefüllt werden. Der Aufstellort sollte kühl, aber nicht kalt sein, weil sich die Batterien während des Betriebs leicht erwärmen. Blei-Gel-Speicher brauchen keine Entlüftung (Abb. 4.37). Wer sich für Bleispeicher entscheidet, sollte genau prüfen, welche Konsequenzen für das Gebäude entstehen. Unser Tipp: In Wohngebäuden ist das Zeitalter von Blei endgültig vorbei. Aufgrund des Preisverfalls sind Lithium-Ionen-Batterien viel besser geeignet.

Abb. 4.36: Bleispeicher kann man nur zu 50 % entladen, deshalb sind die Bruttokapazität und damit das Gewicht doppelt so hoch wie die nutzbare Nettokapazität

Weil sich einer der beiden Reaktionspartner durch das Laden und Entladen zersetzt, ist die Lebensdauer der Bleispeicher auf 3000 bis 4000 Ladezyklen beschränkt. Auch an dieser Stelle wird intensiv geforscht, um die Lebensdauer zu verlängern. In Kombination mit Photovoltaik geht man von einem Ladezyklus pro Tag aus. Also hätte eine gute Bleibatterie rund 10 Jahre. Unbedingt sollte man bei der Auswahl der ersten Batterie wissen, was der Austausch nach 10 Jahren kostet.

Das ist für die Wirtschaftlichkeit sehr wichtig, zumal die zugehörige Photovoltaikanlage auf 20 oder gar 30 Jahre ausgelegt ist.

Abb. 4.37: Blei-Gel-Speicher benötigen gegenüber Bleispeichern mit Flüssigsäure keine Entlüftung des Aufstellraums

Lithium-Batterien haben keinen gasenden Elektrolyt in ihrem Innern, sie brauchen keine Entlüftung. Aber auch sie erwärmen sich, sollten demnach kühl stehen. Im Unterschied zur Bleitechnik kann man Lithium-Akkumulatoren sehr tief entladen. Zwar schädigt die vollständige Entladung auch diesen Batterietyp, aber 80 % sind ohne Weiteres möglich. Eine gute Lithium-Batterie hält zwischen 5000 und 7000 Ladezyklen aus, ist aber etwas teurer als eine vergleichbare Bleibatterie (Netto-Speicherkapazität) (Abb. 4.38). Aufgrund der steigenden Nachfrage und des raschen Ausbaus der Fabriken sinken die Preise zügig, während bei Blei die Lernkurve nahezu ausgereift ist. Zwischen 2014 und 2022 sind die Preise für stationäre Lithium-Ionen-Speicher um mehr als zwei Drittel gesunken. Künftig werden weitere Preissenkungen zwischen 10 und 15 % pro Jahr erwartet. Mitte 2022 kostete die Kilowattstunde Speicherkapazität für kleine Lithium-Heimspeicher rund 700 bis 1000 Euro. Das bedeutet: Sonnenstrom und seine Speicherung sind zusammen bereits preiswerter als der Netzstrom (Abb. 4.39).

Abb. 4.38: Dieser Lithium-Ionen-Speicher befindet sich im Keller eines Wohnhauses mit angeschlossener Gewerbeeinheit. Der Speicher puffert die Stromversorgung in der Nacht, auch im Winter.

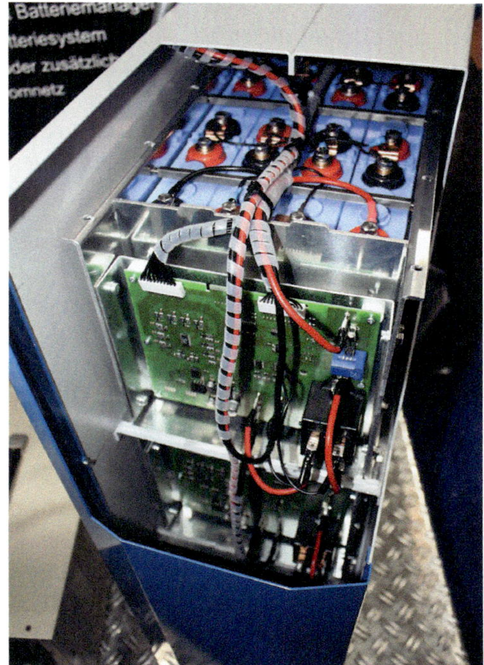

Abb. 4.39: Blick in die Steuerelektronik eines kompakten Lithium-Ionen-Speichers für die Photovoltaik. Lithiumspeicher sind deutlich kleiner und leistungsfähiger als Bleiakkus.

Daneben gibt es mindestens zwei Batteriekonzepte, die bislang jedoch eher in der gewerblichen und industriellen Anwendung ihren Schwerpunkt haben. Deshalb seien sie an dieser Stelle nur kurz erwähnt:

Natrium-Schwefel-Akkumulatoren nutzen ein festes Elektrolyt (Keramik) und flüssige Elektroden. Die positive Elektrode besteht aus geschmolzenem Schwefel, die negative Elektrode aus Graphitgewebe, das mit flüssigem Schwefel getränkt wird. Dabei wirkt das Elektrolyt als Leiter für Natriumionen, in der Regel ist es ein Natriumaluminat oder Natriumoxid, in dem die Natriumionen ab 270 °C beweglich werden. Während der Entladung oxidiert Natrium am keramischen Elektrolyt und bildet positiv geladene Ionen. Sie wandern durch die Keramik zur Schwefelseite, wo Natriumpentasulfid entsteht. Wird der Akku geladen, kehrt sich der Prozess um.

Die Anzahl der Ladezyklen hängt bei diesem Batterietyp stark von der Energiedichte ab. Bei geringer Entladung sind einige Zehntausend Ladezyklen möglich. Wird der Akku immer auf 10 % entladen, sinken die Ladezyklen auf wenige Tausend. Die Akkus sind demnach gegen Tiefentladung sehr empfindlich und zeigen Verschleißerscheinungen, bis hin zum Totalausfall durch thermische Schäden im Zellinnern.

Dieser Akkutyp wurde bereits in den 1970er Jahren entwickelt, er hat zwei gravierende Nachteile: Zum einen benötigt er hohe Betriebstemperaturen von 270 bis 350 °C, um die Elektroden flüssig zu halten und ausreichend Energiefluss zu erlauben. Soll heißen: Dieser Akku braucht eine Heizung. Zum anderen muss er gut gegen Feuchtigkeit geschützt werden, weil das Natrium sehr heftig – explosiv – mit Wasser reagiert. Der Vorteil dieser Batterien: Die Grundstoffe Natrium, Schwefel und Aluminium sind gut verfügbar. Und die Speicherkapazität liegt vergleichsweise hoch, über 200 Wh/kg.

Das andere Konzept ist die Redox-Flow-Batterie. Die Idee stammt gleichfalls aus den 1970er Jahren, als die Elektromobilität wegen der Ölkrise ihren ersten Aufschwung verzeichnete. Zwei flüssige Elektrolyte mit Metallionen fließen aus Tanks durch eine Zelle, die daraus in einem chemischen Prozess Strom erzeugt. Dieses Prinzip ist umkehrbar: Ist Energie aus Sonnenkraft übrig, wandelt die Batterie den Strom wieder in chemische Energie um und speichert ihn in den Elektrolyttanks (Abb. 4.40).

Im Aufbau ähnelt dieser Akku einer Brennstoffzelle. Die galvanische Zelle wird durch eine Membran in zwei Halbzellen geteilt. Der Elektrolyt fließt an der Membran vorbei. An den Elektroden läuft die chemische Reaktion ab: Oxidation oder Reduktion. Die Elektroden bestehen meist aus Graphitfilzen mit großer spezifischer Oberfläche, um die chemischen Reaktionen zu unterstützen. Der Elektrolyt besteht aus Salzen, die in einem Lösungsmittel schwimmen. Seine Dichte ist wichtig für die Energiedichte der Redox-Flow-Batterie. Als Lösungsmittel werden Säuren verwendet. Übliche Redoxpaare sind Verbindungen aus Titan, Eisen, Chrom, Vanadium, Zink, Brom, Schwefel und Cer.

Sogenannte Vanadium-Redox-Akkumulatoren werden bereits als Stromspeicher für Basisstationen im Mobilfunk und Puffer für Windkraftanlagen eingesetzt. Darin wirkt Bromid als Redoxpaar zum Vanadium. Ihre Energiedichte ist bislang aber noch begrenzt. Sie erreicht rund 70 Wh je Liter Elektrolytflüssigkeit. Die auch als Flussbatterien bezeichneten Akkus haben einen hohen Wirkungsgrad, entladen sich von selbst kaum und haben eine hohe Lebensdauer, denn die Elektroden reagieren nicht und werden chemisch nicht angegriffen.

Der Ladevorgang lässt sich bis zu 10 000 Mal wiederholen. Solche Batterien werden bald einige Megawatt leisten. Die neuen Akkus haben eine vergleichbare Energiedichte wie Bleiakkus, ihre Lebensdauer ist fast zehnmal so hoch. Sie lassen sich sehr schnell aufladen, indem man einfach die beiden Elektrolyttanks austauscht.

Abb. 4.40: Redox-Flow-Speicher sind aufgrund ihrer Baugröße meist in anschlussfertigen Containern untergebracht. Sie eignen sich für Siedlungen oder kleinere Betriebe, etwa in der Landwirtschaft.

Handliche und handelbare Größen von Redox-Flow-Batterien beginnen bei 100 kWh Speicherkapazität bis zu mehreren Megawattstunden (Abb. 4.41).

Abb. 4.41: Im Sommer 2014 wurde ein kleiner Redox-Flow-Speicher vorgestellt, der sich für Wohnhäuser empfiehlt. Er bietet 4 bis 15 kWh Speicherkapazität und ist nicht größer als ein Kühlschrank.

Einen gänzlich anderen Weg gehen Anbieter, die sauberen und günstigen Sonnenstrom in Form von Wasserstoff speichern. Sie nutzen den Strom, um Wasser elektrolytisch in Wasserstoff und Sauerstoff zu zerlegen. Wird Strom gebraucht, springt eine Brennstoffzelle an. Diese Systeme befinden sich derzeit im Stadium von interessanten Prototypen. Ob sie jemals für einen Massenmarkt reifen, muss man abwarten. Der Wasserstoff wird in speziellen Druckbehältern aus Stahl eingelagert. Weil Wasserstoff extrem flüchtig ist, muss man ihn in doppelwandigen Behältern sammeln, die mit aufwändiger Sicherheitstechnik versehen sind. Interessant wird diese Idee durch die neuen Brennstoffzellen. Im Sommer wird überschüssiger Sonnenstrom genutzt, um Wasser in Wasserstoff und Sauerstoff zu spalten. Der Wasserstoff wird im Drucktank (300 bar) für den Winter als Brennstoff gelagert. Im Winter bedient sich die Brennstoffzelle aus diesem Gasspeicher, um sauberen Strom zu erzeugen. Ausgereifte Brennstoffzellen für die Versorgung von Wohngebäuden sind am Markt erhältlich.

Denkbar ist es, den Sonnenstrom direkt in einen elektrischen oder hydraulischen Verdichter zu schicken, der daraus Druckluft mit 200 Atmosphären macht. Solche hydraulisch-pneumatischen Speicher befinden sich in der Entwicklung. Sie dürften einige interessante Alternativen zu den chemischen Batteriespeichern bieten. Zum Beispiel, wenn das Wohnhaus eine Werkstatt mitversorgt, in der ohnehin Druckluft gebraucht wird.

Viel diskutiert wird die Sicherheit von Batterien. Besonders großvolumige Lithium-Eisenphosphat-Zellen können sich aufgrund des sogenannten Thermal-Runaway-Effektes selbst entzünden. Bei bestimmten Prozessen im Zellinnern wird die entstehende Abwärme nicht schnell genug nach außen abgeführt. Die Hitze staut sich, die Batterie gerät in Brand. Aus diesem Grund sind bereits einige Wohngebäude im Bundesgebiet abgebrannt, mit erheblichen Schäden.

Mittlerweile sind die Sicherheitstechnik und die Normung so weit fortgeschritten, dass es mit Lithiumbatterien von Markenanbietern keine Probleme mehr gibt. Sie erfüllen den anspruchsvollen Sicherheitsleitfaden für Lithium-Ionen-Hausspeicher (2014 erstmals veröffentlicht) sowie den Effizienzleitfaden aus dem Frühjahr 2017.

Wenig bekannt ist, dass Lithium-Ionen-Batterien als Gefahrgut gelten. Seit 2009 sind sie in der Gefahrgutklasse 9 eingestuft. Diese Anforderung gilt für alle Batterien, die Lithium enthalten. Für Lithium-Ionen-Batterien und Lithium-Metall-Batterien gelten verschiedene Vorschriften zur Kennzeichnung, Prüfung und Zulassung zum Transport:

- UN 3480: Lithium-Ionen-Batterien,
- UN 3841: Lithium-Ionen-Batterien mit Ausrüstungen verpackt,
- UN 3481: Lithium-Ionen-Batterien in Ausrüstungen,
- UN 3090: Lithium-Metall-Batterien,
- UN 3091: Lithium-Metall-Batterien mit Ausrüstungen verpackt,
- UN 3091: Lithium-Metall-Batterien in Ausrüstungen.

Die Batterien dürfen erst dann transportiert und versandt werden, wenn sie die entsprechenden Tests nachweisen können. Bei den meisten bislang angebotenen stationären Speichern liegt diese Zulassung bisher nicht vor. Wichtig ist auch: Werden Lithium-Batterien nach der Nutzung als mobile Stromspeicher beispielsweise in stationären Speichersystemen (Second Use) wiederverwendet, müssen sie für diesen neuen Einsatz zertifiziert und geprüft sein. Auch die Prüfungen für den Transport als Gefahrgut sind erneut nachzuweisen. Installateure dürfen solche Batteriespeicher zum Kunden transportieren bzw. sie dort abholen.

Unbedingt vorlegen muss der Hersteller die entsprechenden Zertifikate gemäß UN38.3 und eine funktionale Sicherheitsprüfung gemäß ISO-SIL (Sicherheits Integrations Level). Dafür gilt eine spezielle Norm, DIN EN 62619, die im November 2017 erschien.

Sie fordert beispielsweise eine allpolige Abschaltung der Batterie, also die Trennung beider Batteriepole vom Netz, durch unabhängig voneinander wirkende Sicherheitsschalter. Auf diese Weise wird eine drohende Überspannung durch Überladung verhindert.

4.7.3 Mobile Akkumulatoren für Fahrzeuge

Bislang sind diese drei Versorgungssysteme getrennt: Strom, Wärme und Brennstoffe für die Kraftfahrzeuge. Wir haben gesehen, dass Strom und Wärme zunehmend aus einer Hand versorgt werden, der Trend geht zur elektrischen Vollversorgung. Mit der Entwicklung der Elektrofahrzeuge wird künftig auch die Mobilität elektrisch gespeist, nicht nur der Schienenverkehr, sondern auch im privaten Kraftfahrzeug (Abb. 4.42). Das Wohngebäude versorgt die Fahrzeuge mit, die Tankstelle wird nur noch bei Überlandfahrten genutzt (Abb. 4.43).

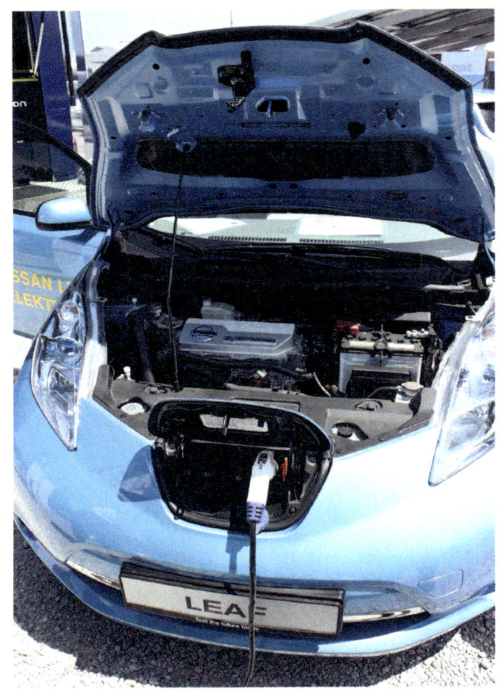

Abb. 4.42: Elektrofahrzeuge für den Individualverkehr bestimmen zunehmend das Straßenbild

Abb. 4.43: Wird das Elektroauto von der Photovoltaikanlage mit versorgt, fließt auch die Ersparnis beim Sprit in die Wirtschaftlichkeitsrechnung ein

Für die Gebäudeversorgung und die Planung der Systemtechnik sind vor allem die Batteriespeicher der Elektrofahrzeuge sowie der elektrische Anschluss der Ladetechnik (DC oder AC, Ladeleistung) von Interesse. Sie können und werden den stationären Stromspeicher im Haustechnikraum ergänzen und erweitern. Angeschlossen wird die Ladestation über eine ausreichend abgesicherte Steckdose, die für die geforderten Ladeströme ausgelegt ist. Die Steckdose kann einphasig über 220 V oder dreiphasig über 400 V speisen. Dabei ist die dreiphasige Variante im Vorteil. Sie kann in kurzer Zeit sehr hohe Leistungen in die Fahrzeugbatterie bringen, was die Ladezeiten verkürzt (Abb. 4.44).

Wer heute baut oder sein Haus modernisiert, sollte die Ladestation unbedingt schon mitplanen. In wenigen Jahren werden die Preise für Elektroautos soweit gesunken sein, dass sie selbstverständlich zum Straßenbild gehören – und es sogar dominieren. Denn 80 % aller Fahrten in Deutschland fallen auf den kurzen Strecken der Berufspendler an, höchstens 80 bis 100 Kilometer.

Abb. 4.44: Genormte, mehrpolige Ladedose eines Elektroautos

Abb. 4.45: In der Haustechnik wirkt das Elektroauto wie eine zusätzliche Speicherbatterie, dadurch wird die Eigenversorgung mit ökologischem Strom sehr lukrativ

In traditionellen Kraftfahrzeugen mit Verbrennungsmotoren gibt es die Starterbatterie, die gewöhnlich nicht durch einen externen Stromanschluss aufgeladen wird. Nach der Zündung des Verbrennungsvorgangs hat die Starterbatterie einen Teil ihrer elektrischen Leistung abgegeben. Die Aufladung erfolgt durch die Lichtmaschine, die während der Fahrt vom Verbrennungsmotor angetrieben wird. Kleinere mobile Geräte wie elektrische Rasenmäher werden mithilfe von Startseilen oder Anwurfseilen in Betrieb gesetzt. Gleiches gilt für Bootsmotoren. Auf dem Markt gibt es jedoch Geräte, die über eine integrierte Batterie verfügen und per Knopfdruck starten.

Noch besser sind elektrische Bootsmotoren, elektrische Rasenmäher oder Kleinfahrzeuge wie Roller und Pedelecs, die ihren Elektroantrieb aus einer Lithiumbatterie versorgen. Zunehmend bietet der Markt größere Kfz mit Hybridmotoren aus elektrischem Antrieb und Verbrennungsmotor oder mit reinem Elektroantrieb an. Sie brauchen eine Ladestation, um die Batterien regelmäßig aufzuladen. Zu diesem Zweck führen sie eine Ladesteckdose. Für den Hausbewohner ist es sowohl ökonomisch als auch ökologisch von großem Vorteil, wenn er den Strombedarf für das Fahrzeug, das kleine Boot, die mobilen Gartengeräte und die Pedelecs der Familie aus der Photovoltaikanlage und dem Kleinwindrad mitversorgen kann. Ist eine Werkstatt integriert, lassen sich auch die Gabelstapler mit hauseigenen Generatoren speisen (Abb. 4.45).

Antriebsbatterien von Fahrzeugen werden als Traktionsbatterien bezeichnet, im Unterschied zu Starterbatterien für die Verbrennungsmotoren. Man spricht von Akkumulatoren, weil man diese Batterien wiederholt aufladen kann. Im Unterschied zu stationären Stromspeichern sind die Fahrzeugbatterien meist kleiner. Sie unterliegen schärferen Sicherheitsauflagen, weil sie bei Unfällen sicher sein müssen. Die variablen Lastanforderungen aus dem Straßenverkehr stellen höhere Anforderungen an das Batteriemanagement, auch sind die Ströme zum Laden und Entladen in der Regel höher als bei stationären Speichern. In Vorbereitung befinden sich Akkusysteme, bei denen die Batterie zum Laden nicht im Fahrzeug verbleibt, sondern per Plug and Play gegen einen neuen Akku ausgetauscht wird. Das entkoppelt den mitunter langwierigen Ladeprozess vom Fahrzeugbetrieb. Und es erleichtert die Wartung der Batterien, beispielsweise an Tankstellen. Gegenwärtig liegen die Ladezeiten bei fest eingebauten Lithiumbatterien zwischen einer halben und mehreren Stunden. An Schnellladestationen bieten die Steckdosen ausreichend Leistung an, damit die Akkus innerhalb von 30 min auf 80 % ihrer Kapazität aufgeladen werden.

Während Starterbatterien gewöhnlich mit 24, 48 oder 96 V arbeiten, können es bei Elektroautos mehrere hundert Volt sein. Schaltet man mehrere Batterien parallel, erhöht sich die Speicherkapazität und man kann höhere Ströme entladen. Bezeichnet werden die Traktionsbatterien nach ihrer Strombelastbarkeit (Amperestunden, Ah) oder nach ihrer Leistung (Wattstunden, Wh). Starterbatterien leisten zwischen 400 und 1000 Wh. Gabelstapler haben Batterien für 4800 bis 28 000 Wh. Ein Hybridfahrzeug wie der Toyota Prius hat eine Batterie, die 1310 Wh leistet. Zu beachten ist, dass ein Elektrofahrzeug nie die gesamte Nennleistung ausnutzen kann. Werden die Lithiumzellen zu stark entladen, können sie zerstört werden. Allerdings halten Lithiumakkus deutlich tiefere Entladung als Bleiakkus aus, wobei letztere als Traktionsbatterien aufgrund ihres Gewichts kaum eine Rolle spielen. Je nach Autotyp und Hersteller werden die Lithiumzellen zwischen 30 und 80 % entladen. Hält das Batteriemanagement diese Vorgaben ein, erfreuen sich die Akkus einer langen Betriebsdauer. Versuche beim amerikanischen Tesla ergaben, dass die Akkumulatoren nach 100 000 Meilen (160 000 km) eine Restkapazität von 60 bis 80 % aufwiesen (Abb. 4.46). Gemeinhin nimmt man für Lithiumbatterien an, dass sie zwischen 3000 und 5000 Ladezyklen durchhalten, bei einer Entladung von 70 % (Depth of Discharge, DOD). Setzt man einen Ladevorgang pro Tag an, hält die Batterie also zwischen 3000 und 5000 Tage, 8 bis 14 Jahre. Der Fortschritt in der Batterietechnik wird diese Spanne ausweiten. Neben den Lithiumakkus kommen gelegentlich Nickel-Cadmium- oder Nickel-Metallhydrid-Akkus zum Einsatz. Der Trend geht jedoch eindeutig in Richtung Lithiumtechnik. Ihre Energiedichte wird in den kommenden Jahren aufgrund besserer Zellen weiter ansteigen – und somit die Reichweite der Fahrzeuge.

Allerdings benötigen manche mobile Lithiumakkus im Winter eine zusätzliche Heizung, damit sie bei sehr tiefen Temperaturen nicht schlappmachen. Weil bei Elektroautos keine Abwärme aus einem Verbrennungsmotor zur Verfügung steht, muss die Fahrzeugheizung gleichfalls aus der Batterie versorgt werden. Deshalb sinkt die Reichweite einer Batteriefüllung im Winter, denn der Energiebedarf des Fahrzeugs insgesamt steigt. Mitgeführte Plug and Play-Batterien und Ersatzakkus in der Garage lösen dieses Problem.

Abb. 4.46: Der Tesla aus den USA kam im Sommer 2014 nach Europa, als geräumiges Familienauto. Seine Reichweite beträgt mehr als 500 km mit einer Batterieladung.

4.8 Verteilung von Energie

Pantha rei: Die Wärme fließt, strömt, ist Bewegung von warmem Wasser und warmer Luft. In wassergeführten Versorgungssystemen dient Heizwasser als Trägermedium für die Raumwärme (Abb. 4.47). Will man die Wärme durch das Haus schicken, muss man Wasserströme in Bewegung setzen. Dazu braucht man Rohre, Umwälzpumpen und die zur Hydraulik gehörige Sicherheitstechnik (Abb. 4.48). Die Steuergrößen sind die Temperatur und der Druck im System. Die Temperatur gibt der Heizwasserspeicher vor, der die Wärme bereitstellt. Über Ventile und Pumpen gelangt sie in die einzelnen Heizkreise, die Flächenheizungen oder Heizkörper in den Räumen speisen (Abb. 4.49 und 4.50). Die gesamte Technik zur Bereitstellung und Verteilung der Wärme ist gut zu dämmen, damit die wertvolle Wärme genau dort ankommt, wo sie benötigt wird.

Abb. 4.47: Heizkreisverteilung in einem typischen Mehrfamilienhaus: Je mehr Heizkreise und Warmwasserzirkulationen vorhanden sind, umso mehr Armaturen, Ventile, Pumpen und Regler werden benötigt.

Abb. 4.48: Hydraulische Verteilung der Wärme in einer Wohnsiedlung, die aus einer zentralen Wärmestation versorgt wird.

Abb. 4.49: So sah die Verteilung früher aus: Die Heizkreise (links) wurden mit fest eingestellten oder in wenigen Stufen schaltbaren Pumpen betrieben. Das ist nicht mehr zeitgemäß.

Abb. 4.50: Moderne Heizkreise verfügen über drehzahlgeregelte Umwälzpumpen, die nur wenig elektrischen Strom zum Antrieb brauchen

In den Wohnräumen wird die Wärme über Heizflächen durch Abstrahlung und Konvektion übertragen. Je kompakter und wärmer ein Heizkörper ist, desto mehr Wärme gibt er über eine aufwärts gerichtete Thermik (Konvektion) ab. Konvektion verbindet den Wärmestrom mit dem Massestrom des Trägermediums. Dabei findet beispielsweise an Heizkörpern ein Medienübergang statt: Die Wärme aus dem Heizwasser wird an die Luft abgegeben, die über dem Heizkörper aufsteigt und den Raum mit einer aufwärts strebenden Warmluftsäule erwärmt.

Sind die Heiztemperaturen geringer, braucht man größere Flächen. Dann überwiegt der Anteil der direkten Abstrahlung von Wärme in Form der infraroten Wellen. Weil jedes Heizsystem Wärme abgibt, ist die Temperatur im Vorlauf des Heizkreises höher als im Rücklauf. Man spricht von Spreizung. Sie ist ein Maß für die thermische Aktivität der Heizkörper oder Heizflächen im Raum. Integriert über die Fläche kann man daraus die abgegebene Wärmeleistung bestimmen. Oder andersherum: Man kann die geeigneten Heizflächen gemäß des Heizwärmebedarfs eines Raumes und ihrer Systemtemperaturen festlegen. Hat man die Heizleistung, kann man aus der Dauer der Wärmeübertragung berechnen, wie viel Wärme (in Kilowattstunden, kWh) an die Raumluft übergegangen ist.

4.8.1 Thermische Heizsysteme

Wer mit Wärmepumpen oder anderen regenerativen Wärmeerzeugern heizt, sollte möglichst niedrige Systemtemperaturen in der hydraulischen Wärmeverteilung anstreben. Also sind großflächige Übertragungssysteme für den Fußboden oder die Wände die erste Wahl. Mittlerweile sind sie im Neubau Standard, zumal die optisch eher lästigen Heizkörper aus den Innenräumen verschwinden (Abb. 4.51). Ein bis zum Boden reichendes Panoramafenster ohne sperrige Heizkörperbarriere ist eine wunderbare Erfahrung. Ebenso sanfte Wärmestrahlung aus dem Boden. Beides gehört auch zusammen, denn ein alleiniger Raumheizkörper weit entfernt von der Panoramafensterscheibe erwärmt diese zu wenig, der Taupunkt an der Scheibe wird unterschritten und es entsteht Kondensat. Allerdings muss man Fußbodenheizungen dagegen sichern, dass sie mehr als 40 °C in den Vorlauf bekommen (Abb. 4.52). Dann werden die Füße und die Räume überhitzt. Zu beachten ist, dass Fußbodenheizungen relativ träge sind, thermisch gesehen. Sie brauchen eine bestimmte Zeit, um sich aufzuheizen und Wärme in den Raum abzugeben. Diese Spanne hängt wesentlich vom Aufbau des Bodens ab, von der Schichtdicke und den Materialien über den Heizschlaufen im Estrich. Fragwürdig sind Fußbodenheizungen, die mit Holzparkett oder Dielen überzogen werden. Holz ist faktisch ein Isolator gegen Wärme. Laminat verringert die Wärmeabgabe um rund 20 %. Viel besser geeignet sind mineralische Aufbauten wie Fliesen oder Platten aus Naturstein.

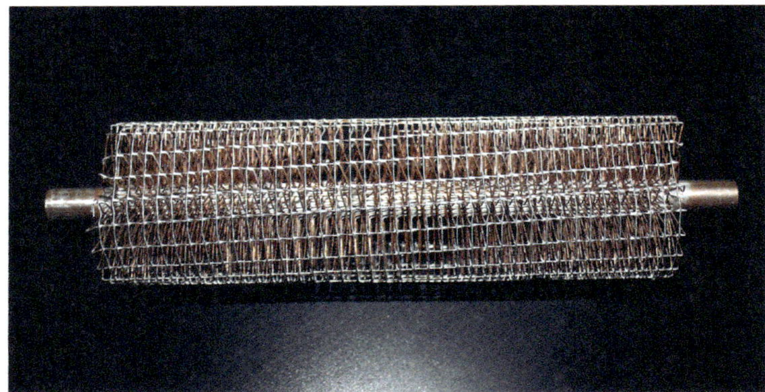

Abb. 4.51: Wassergeführte Heizstrahler für Sockelleisten: Damit verschwindet der Heizkörper aus dem Wohnraum; allerdings sollten die Heizstrahler so eingebaut werden, dass sie im Laufe der Zeit nicht zu stark verstauben oder verschmutzen

Abb. 4.52: Modell einer Fußbodenheizung mit hydraulischem Stockwerksverteiler

Heizflächen an der Wand erlauben etwas höhere Vorlauftemperaturen. Man kann sie sehr gut hinter Lehmputz oder mineralischen Platten für den Innenausbau verschwinden lassen, sollte aber genau dokumentieren, wo die Heizregister verlaufen. Sinnvoll ist, sie gegen die Wand zu isolieren, damit die Wärme vornehmlich in den Raum abstrahlt. Der Markt bietet Komplettsysteme für den Innenausbau an, bei denen die wasserführenden Heizregister bereits in die Trockenbauplatten integriert sind. Es gibt auch Heizregister für die Montage in der nassen Wand.

Wandheizungen lassen sich schneller regeln als Fußbodenheizungen, weil der darüber liegende Putz eine dünnere Schicht aufweist als der Aufbau des Fußbodens über den Heizschlaufen. Wandheizflächen sollte man nicht mit Möbeln verstellen. Die Steuerung der Flächenheizsysteme erfolgt mit klassischem Thermostat oder über elektronische Steuerungen im Raum beziehungsweise im offenen Wohnbereich.

Die Heizflächen werden nach dem Wärmebedarf des Raumes ausgelegt. Man gibt die Nennleistung in Watt pro Quadratmeter an.

Die Versorgung der Wärmehydraulik erfolgt über Steigstränge und Ringleitungen, an die in der Regel alle Heizkörper oder Flächenheizungen in einem Heizkreis angeschlossen sind.

In der Modernisierung trifft man meistens auf ältere Heizkörper, die mit relativ hohen Temperaturen fahren. Das Ziel sollte sein, sie auf 55 °C zu bringen, damit eine Wärmepumpe oder eine Kaskade von Wärmepumpen die Räume versorgen kann. Gegebenenfalls muss man etwas großflächigere Heizkörper wählen, um die sinkende Vorlauftemperatur durch die Abstrahlfläche auszugleichen. Nicht selten reichen die alten Heizkörper weiterhin aus, weil man die Wärmeverluste der Räume durch Dämmung gesenkt hat. Dann werden die Räume trotz geringerer Systemtemperaturen im Heizkreis wohlig warm. Denkbar ist, flächige Fußbodenheizungen mit Heizkörpern zu kombinieren, etwa in weitläufigen, offenen Wohnbereichen.

Aus der guten, alten Zeit stammen die Gliederheizkörper aus Gusseisen. Sie wurden mit 80 °C oder mehr im Vorlauf angesteuert und hatten mächtige Anschlüsse für die Heizkreisverrohrung. Einige Exemplare sind wahre Schaustücke. Aus energetischer Sicht gehören sie der Vergangenheit an. Ab den 1960er Jahren kamen zunehmend die Gliederheizkörper aus Stahl auf, die ästhetischen Ansprüche sanken. Auch sie sollten ausgetauscht werden, um niedrigere Systemtemperaturen zu erlauben.

Dagegen nehmen sich die Flachheizkörper in Plattenbauweise sehr leicht und dekorativ aus. Man bezeichnet sie auch als Radiatoren. Sie bestehen aus Stahlblech und bestimmen heute das Bild in deutschen Wohnungen. Meist hängen oder stehen sie in Nischen unter den Fenstern. Neben der Plattenfläche, der Zahl der Lamellen und ihrem Wasserinhalt ist es die Bautiefe, die über die Leistungsabgabe bei einer bestimmten Vorlauftemperatur und Spreizung entscheidet. In den Datenblättern der Hersteller sind der Bautyp, die Bauhöhe und die Länge des Heizkörpers angegeben. Die Typenbezeichnung 21/600/2000 bedeutet, dass der Plattenheizkörper über zwei Platten und ein Konvektionsblech (21) verfügt. Er ist 600 mm hoch und 2 m breit. Plattenheizkörper kann man durchaus mit 55 °C versorgen. Speist man sie mit 50 °C, kann man ihre Bautiefen erhöhen, also eine oder mehrere Heizplatten nebst Konvektionslamellen dazunehmen, bis der Heizkörper die gewünschte Leistungsabgabe erzielt.

Eine weitere Möglichkeit, die Räume zu wärmen, bieten die Konvektoren. Da sie oft hinter einer Verkleidung montiert werden, ist die Bauart der Verkleidung sehr wichtig für die Wärmeabgabe des Konvektors. Unterschieden werden Einbaukonvektoren und Unterflurkonvektoren für Kanäle im Boden.

Die Konvektoren bestehen prinzipiell aus waagerechten Rohren, die in den Heizkreis eingebunden werden. Von den Rohren gehen Blechlamellen ab, um die Heizfläche zu vergrößern. Die Lamellen bestehen aus verzinktem Stahl, Kupfer oder Aluminiumblech. Der Vorteil der Konvektoren ist, dass sie nur wenig Heizwasser benötigen. Man baut sie in Luftschächte ein, damit die Warmluft ungehindert aufsteigen kann. Ihr Nachteil: Sie verstauben schnell und bedürfen der regelmäßigen Reinigung. Zu diesem Zweck sollten sie leicht zugänglich sein. Unterflurkonvektoren installiert man am besten im Boden vor hohen Fenstern und Fenstertüren. Über dem Bodenkanal brauchen sie ein Schutzgitter. Auch die Unterflurkonvektoren verstauben schnell und müssen ausreichend oft gereinigt werden, vor allem in der Heizperiode.

Noch ein Wort zum hydraulischen Abgleich des Systems zur Wärmeverteilung (Abb. 4.53). In der wassergeführten Heizung müssen vielfältige Massenströme (Heizwasser) mit einer bestimmten Temperatur bewegt werden. Je weiter man sich dabei vom Pufferspeicher entfernt, desto kleiner werden die Rohrquerschnitte. Also verändern sich auch die bewegten Massen in den Rohren und die Drücke. Damit die Wärme möglichst effizient an ihren Bestimmungsort kommt, muss man die Rohrverteilung mit ihren Mischern, Pumpen, Stellmotoren und Ventilen hydraulisch genau abgleichen (Abb. 4.54). Das ist auch bei neuen Heizungen notwendig, nachdem sie eine bestimmte Zeit eingelaufen sind. Allein durch einen fachmännisch durchgeführten Abgleich lässt sich viel Energie sparen. In der Modernisierung ist der hydraulische Abgleich immer der erste Schritt, um die Wärmeversorgung zu optimieren und verborgene Schätze in der Heizungstechnik zu heben.

Abb. 4.53: Umwälzpumpe im Systemvorlauf mit Temperaturfühler und Manometer zur Kontrolle des Systemdrucks bei der Wartung

Abb. 4.54: Vorlauf (links, 58 °C) und Rücklauf (rechts, 40 °C) eines Heizkreises; die effiziente Umwälzpumpe wird nach der Drehzahl geregelt

4.8.2 Elektrische Heizsysteme

An dieser Stelle wollen wir uns nicht zu sehr in die Details des Heizungsbaus vertiefen, zumal die Tage der wassergeführten Heizsysteme gezählt sind. Einzig die Wärmepumpe legitimiert die hydraulische Bereitstellung und Verteilung der Wärme. Zeitgemäß sind auch Holzfeuerungen mit integrierter Wassertasche. Mit dem Abschied von Gasbrennern und Ölkesseln dürfte auch die wassergeführte Heizung aussterben. Denn elektrische Heizungen sind viel einfacher zu installieren, ohne Rohrnetze, Pumpen, Ventile, Ausdehnungsgefäße und so weiter. Wenn der Strom aus sauberen Quellen stammt und sehr preiswert erzeugt werden kann, wird die elektrische Heizung zum neuen Standard, vor allem auch in der Modernisierung. Selbst erzeugter Sonnenstrom kostete Ende 2022 zwischen 8 und 12 Eurocent pro Kilowattstunde, knapp ein Drittel des Preises für eine Kilowattstunde aus dem Stromnetz. Im Winter, wenn wenig Sonne scheint, springt die Brennstoffzelle ein. Auch sie erzeugt sauberen Strom, jedoch unabhängig von der Sonne.

Strom hat einen unschlagbaren Vorteil: Man kann ihn im Wohnhaus für eine Vollversorgung aller technischen Systeme nutzen, nicht nur der Heizung. Das kann kein thermisches System. Und wenn man gegenrechnet, wie viel Metall für die Verrohrung der wassergeführten Hydraulik eingespart wird – inklusive der daraus resultierenden Wärmeverluste, dann ist der grundlegende Wechsel in der Versorgungstechnik offensichtlich. Man braucht keine getrennten Systeme für Strom und Wärme mehr, wenn man den Strom im Raum direkt in Wärme umwandeln kann. Und faktisch jeder Raum ist heutzutage mit Stromleitungen verkabelt und mit Steckdosen versehen, an die man problemlos flächige Widerstandsheizungen anschließen kann. Die einzige Frage ist: Wann ist Sonnenstrom so billig, dass er mit den Wärmepreisen konkurrieren kann? Und wann sind die Stromspeicher so leistungsfähig und preiswert, dass sie im Winter auch eine elektrische Heizung bewältigen?

Mit Sonnenstrom oder Windkraft zu heizen, ist auf verschiedenen Wegen möglich. Im Prinzip unterscheidet man drei Arten, wie der regenerative Strom in der Wärmeerzeugung zum Einsatz kommen kann: die elektrische Direktheizung oder der Umweg über die Hydraulik des Pufferspeichers. Der dritte Weg nutzt Wärmeerzeuger, die rein elektrisch betrieben werden. Dazu gehören beispielsweise die Heizungswärmepumpen mit Scroll-Verdichter.

Das einfachste Prinzip, um Solarstrom zur Heizung zu verwenden, ist die elektrische Direktheizung. Der Sonnenstrom wird direkt aus dem Wechselrichter oder aus einer Pufferbatterie in elektrische Heizkörper geleitet. Hohe Heizleistungen erfordern hohe Ströme, das passt nicht zur Photovoltaik. Elektrische Heizkörper mit einigen Kilowatt Leistung belasten die Batterien sehr stark, meist reicht das Dach nicht aus, um einen ausreichend großen Generator zu tragen. Besser geeignet sind elektrische Heizflächenregister, die mit geringeren Temperaturen (Spreizung) auskommen. Über die Fläche integriert wird jedoch eine hohe Strahlungsleistung erzeugt, ähnlich wie bei den hydraulischen Flächenheizsystemen. Elektrische Fußbodenheizungen oder Wandheizungen sind leicht zu installieren und wartungsfrei. Man unterscheidet Systeme mit Gleichspannung (DC) oder mit Wechselspannung (AC). DC-Heizflächen kann man direkt aus dem Solargenerator oder der Pufferbatterie speisen. Für AC-Systeme benötigt man einen Wechselrichter, der den Strom auf Netzfrequenz umsetzt. Im Vergleich zu hydraulischen Heizflächen lassen sich elektrische Systeme sehr schnell und mit wenig Aufwand installieren. Man kann sie saisonal installieren und am Ende der Heizperiode von der Wand nehmen.

Mit der zunehmenden Verbreitung der Photovoltaik werden elektrische Heizflächen vor allem im Neubau eine wichtige Rolle spielen. Denn neben den Kosten für Material und Installation sprechen zwei gewichtige Gründe für die elektrische Direktheizung: Sie ist nahezu wartungsfrei. Und sie lässt sich viel schneller regeln als wassergeführte Heizkreise. Mit einem Schalter wird die Wärme aus dem Strom nahezu augenblicklich erzeugt. In hydraulischen Systemen gehen allein rund 15 % der Wärme beim Aufheizen des Pufferspeichers verloren, weitere Verluste entstehen in der Verrohrung der Heizkreise. Es dauert einige Minuten, bis ein wassergeführter Heizkreis anspringt und Wärme abgibt. Muss erst der Pufferspeicher auf Bereitstellungstemperatur gebracht werden, kann es sich um Stunden handeln. Obendrein verursacht die wassergeführte Heizung immer einen gewissen Wartungsaufwand. Möglicherweise wird sie in fünfzig Jahren nur noch im Altbau eine Rolle spielen. Mit den klassischen Feuerungen könnte auch die hydraulische Heizung aussterben.

Eine Sonderform der elektrischen Direktheizung ist die Luftheizung über elektrische Heizregister. Luftheizungen verwenden Luft als Wärmeträger, nicht Wasser. Meist laufen sie mit Temperaturen zwischen 60 und 70 °C. Höhere Temperaturen führen zu Staubverschwelungen und werden als unangenehm empfunden. Luftheizungen mit geringeren Temperaturen sind beispielsweise in Niedrigenergiehäusern und Passivhäusern ein moderner Standard, die keine wassergeführte Heizung mehr benötigen. Da solche gut gedämmten und gedichteten Gebäude immer kontrollierte Belüftungstechnik benötigen, fungiert die Lüftungsanlage zugleich als Zusatzheizung. Der Sonnenstrom treibt sowohl die Ventilatoren der Lüftungsanlage als auch die Heizregister in den Wärmetauschern.

Regenerativer Strom lässt sich durch elektrische Widerstandsheizsysteme (Heizstäbe oder Heizwendeln) gut in Wärme umwandeln. In Kombination mit einem klassischen, wassergeführten Pufferspeicher ist zumindest die teilweise Versorgung der Raumwärme möglich. Im Pufferspeicher treffen sich die Wärmeströme aus verschiedenen Erzeugertechniken: Wärmepumpe oder Pelletkessel. Die Photovoltaik tritt als multivalente Wärmequelle hinzu und unterstützt den Kessel je nach Strahlungsangebot der Wintersonne.

Im Unterschied zur elektrischen Direktheizung spart diese Variante die Batterie, bislang noch ein erheblicher Kostenpunkt. In der Regel wird man diese Lösung jedoch darauf beschränken, Warmwasser zu erzeugen, um solare Überschüsse im Sommer gut auszunutzen. Im Sommer wird Warmwasser gebraucht, Heizwärme jedoch nicht. Im Winter fungiert der Sonnenstrom als Zubrot, denn in unseren Breiten ist der winterliche Ertrag nur schwer kalkulierbar. Mit einem Windrad sieht die Sache freilich anders aus, weil die höchsten Erträge in den sonnenschwachen Monaten winken. Die Kombination aus Photovoltaik und Windtonne auf dem Dach erlaubt einen ganzjährig hohen Stromertrag. Und nicht zu unterschätzen ist, dass eine ausreichend große Photovoltaikanlage im Winter durchaus einen nennenswerten Stromertrag anbietet.

Der Umweg über den hydraulischen Speicher erlaubt meist nicht, dass der Sonnenstrom die Hauptlast der Raumheizung trägt. Die Grundlast wird von einer Wärmepumpe erzeugt. Denkbar ist, die Wärmepumpe selbst mit Sonnenstrom zu betreiben. In der Warmwasserbereitung ist diese Kombination bereits eingeführt. Elektrische Heizwärmepumpen hingegen benötigen größere Antriebsströme als die Warmwasser-Wärmepumpen. Und sie laufen nur in der Heizperiode. Sie erzielen viel höhere Heizleistungen, weil sie neben der Außenluft auch thermische Potenziale im Erdreich oder im Grundwasser nutzen können. Am Markt sind spezielle Heizungswärmepumpen verfügbar, die sich mit der Photovoltaik koppeln lassen (PV ready).

In den meisten Wohngebäuden in Deutschland ist der Heizbedarf in den Morgenstunden und am Abend am höchsten. Nur am Wochenende sollte die Heizung ganztägig laufen. Viele Neubauten oder jüngere Gebäude laufen bereits mit Nachtabsenkung der Heiztemperaturen, um wertvolle Energie zu sparen. Das heißt, zumindest tagsüber und an den Arbeitstagen hat die Wärmepumpe Zeit, den Pufferspeicher neu zu beladen. Im Unterschied zum Feuerungskessel ist die Wärmepumpe ein Niedrigtemperaturwärmeerzeuger, der längere Beladezeiten für den Pufferspeicher benötigt. Das ist einfach erklärt: Der Arbeitskreis der Wärmepumpe erlaubt keine Spitzenlasten wie die Brenner eines Kessels, die aus dem Stand 1000 °C in den Kesselkreis drücken können. Allerdings sind die Energieeffizienz und die resultierenden Wärmekosten bei einer Wärmepumpe unschlagbar günstig. Denn nach der Investition für die Aggregate und Armaturen fallen keine Brennstoffkosten und kaum mehr Stromkosten an. Ersetzt man den Antriebsstrom durch selbst erzeugten Solarstrom, verbessert sich die Wirtschaftlichkeit einer Heizungswärmepumpe.

Im Grunde genommen stellt die Wärmepumpe einen weiteren Stromverbraucher im Gebäude dar, ähnlich der Waschmaschine oder dem Kühlschrank (der im Wesentlichen das Wärmepumpenprinzip umkehrt).

4.8.3 Neuer Schub durch Smart Grids

Neuen Schub wird die Integration von Photovoltaik in die Wärmepumpentechnik durch den „Smart Grid Ready Standard" erhalten, den einige Wärmepumpenhersteller anbieten. Dabei wird der Sperrzähler des Energieversorgers um eine Klemme erweitert. Auf diese Weise lassen sich vier Zustände abbilden: teurer Spitzenlaststrom, Normaltarif, Wärmepumpentarif und Sonnenstrom.

Denn problematisch für den wirtschaftlichen Betrieb einer Heizungswärmepumpe sind die speziellen Stromtarife, die einige Energieversorger ihren Kunden für den Betrieb von Wärmepumpen anbieten. Der Kunde erhält günstigere Strompreise, allerdings hat er Sperrzeiten zu beachten, in denen die Wärmepumpe nicht laufen darf. Das kann mittags sein, wenn der Strombedarf im Netz sehr hoch ist. Gerade größere Heizungswärmepumpen verfügen oft über einen eigenen Stromzähler, der vom Haushaltsstrom getrennt läuft. Um ihn zu umgehen, braucht die Wärmepumpe einen gesonderten Eingang für die Photovoltaikanlage, der Vorrang genießt. Denn wahrscheinlich sind solare Überschüsse am Mittag zu erwarten.

Auf der sicheren Seite ist man, wenn der Antriebsstrang des Verdichters mit einem eigenen Zähler ausgerüstet ist, der auch die Hilfsströme erfasst. Für die korrekte Ermittlung der Jahresarbeitszahl ist diese Schaltung ohnehin sinnvoll, ebenso ein Wärmemengenzähler auf der Wärmenutzungsseite. Denn die Effizienz der Anlage, ausgedrückt als Jahresarbeitszahl, ergibt sich aus dem Verhältnis von thermischer Nutzwärme und der Summe aller elektrischen Antriebs- und Hilfsenergien.

Wer eine staatliche Förderung für die Wärmepumpe nach den Spielregeln des Bundesamtes für Wirtschaft und Ausfuhrkontrolle in Anspruch nahm oder nehmen will, muss die Jahresarbeitszahl gerichtsfest nachweisen, also die beiden Zähler fachgerecht einbauen. Einfacher, aber weniger elegant ist es, aus dem Wärmepumpentarif auszusteigen und die Wärmepumpe wie einen weiteren Verbraucher an den Haushaltsstromkreis anzuschließen.

4.9 Ladetechnik für Elektroautos

Wer sich ein Elektrofahrzeug anschaffen möchte, sollte sich schon vor dem Kauf genau überlegen, wie er es mit elektrischem Strom beladen will. Auf clevere Weise verwandelt sich die eigene Garage in eine Tankstelle. Durch die Einsparung von Sprit amortisiert sich eine photovoltaische Eigenverbrauchsanlage mit Stromspeicher noch schneller. Auch Brennstoffzellen lassen sich gut nutzen, um die vollelektrischen oder Hybridfahrzeuge aufzuladen.

Abb. 4.55: Alles Banane: Dieser E-Golf von VW braucht keinen Auspuff mehr.

Prinzipiell unterscheidet man bei den Elektroautos zwei Ladetechniken. Man kann das Auto mit Gleichstrom (DC) oder mit Wechselstrom (AC) beladen. Für Wechselstrom verfügen die Fahrzeuge über eine Ladedose vom Typ 1, Typ 2 oder GB/T 20234.2 (gilt nur in China). Für DC unterscheidet man zwischen CCS (Combined Charging System, auch genannt Combo 1 oder Combo 2) und CHAdeMO (Abb. 5.62).

Abb. 4.56: Ladestecker am Mitsubishi Outlander (Hybrid): Typ 1 (links: 3,7 kW) und CHAdeMO (rechts: 50 kW)

AC-Laden mit Typ-1-Stecker wird in Europa nicht verwendet, es gilt in Ländern mit 100 bis 120 V Netzspannung (Nordamerika, einige Länder in Asien). Der Kabelstecker hat ein rundes Profil und einen Verriegelungsmechanismus. Typ-1-Stecker kennen nur einphasiges Laden, die Ladeleistung ist auf 7,4 kW begrenzt. Um eine typische Autobatterie mit 22 kWh Speicherkapazität aufzuladen, braucht man mehr als 3 Stunden.

Aufgrund des 230-Volt-Netzes in Europa ist hier Typ-2-Ladetechnologie verbreitet. Optisch unterscheiden sie sich vor allem durch den abgeflachten oberen Rand und die fehlende Verriegelungsklappe. E-Fahrzeuge mit Typ-2-Ladedose können ein- und dreiphasig laden. Die erlaubte Ladeleistung ist wesentlich höher, die Ladezeit kürzer. Eine 22-kWh-Batterie kann man an einer AC-Ladesäule Typ 2 (Leistung: 43 kW) innerhalb einer halben Stunde aufladen (Abb. 5.63).

Allerdings ist die Ladeleistung der E-Fahrzeuge oft beschränkt. Sie können lediglich 3,7 kW Wechselstrom ziehen, um ihre Batterien zu füllen. Dann dauert das Laden entsprechend lange. Ein schnellerer Weg sind die DC-Ladesäulen, die dreiphasig angeschlossen sind und sehr hohe Ladeleistungen ermöglichen (Supercharger). Solche Systeme stehen an ausgewählten Tankstellen der Autobahnen, damit lässt sich innerhalb einer halben Stunde die Batterie bis zu 80 % aufladen.

Bei DC existieren zwei Standards: CHAdeMO und CCS. CHAdeMO entstand 2009 in Japan. Im Laufe der Zeit wurden Elektrofahrzeuge mit CHAdeMO-Ladedosen auch in Europa und Amerika verbreitet, durch Hersteller wie Toyota, Mitsubishi und Nissan. Die Ladesäulen wurden auch außerhalb Japans gebaut.

Abb. 4.57: Beim Outlander erhält der Kunde in Europa ein Mode3-Ladekabel, das einen Typ-1-Stecker (fürs Auto) mit einem Typ-2-Stecker verbindet. Er kann also an jeder gängigen Typ-2-Ladesäule mit 3,7 kW AC tanken.

Die CCS-Ladestationen (Combined Charging System) können beides: AC und DC laden. So kann ein E-Auto mit einer CCS-Ladedose sowohl an AC- als auch an DC-Ladesäulen den Strom tanken. Ein weiterer Vorteil von Combo-Steckern ist die höhere Leistungsfähigkeit. So kann ein CHAdeMO-Stecker 50 kW leiten, im Gegensatz zu 200 kW mit Combo-Steckern.

Uns interessiert vor allem die Ladetechnik fürs Wohnhaus oder die Garage. Prinzipiell sollte man in die Garage dreiphasigen Strom verlegen (400 V). Die Absicherung der Hausversorgung erfolgt in der Regel mit 16 A. Also lässt sich etwas mehr als 11 kW Ladeleistung übertragen. Das genügt völlig, um das E-Auto über Nacht zu betanken. Bei 32 A wären es 22 kW. Die meisten im Markt angebotenen Wallboxen bieten beide Leistungen an, sie lassen sich je nach Ausstattung der Gebäude einstellen bzw. umschalten.

Auf dem privaten Grundstück genügt eine dreiphasige Steckdose völlig aus (Abb. 5.64). Wandhängende Wallboxen oder stehende Ladesäulen sind eher etwas für den öffentlichen Straßenraum, für Parkhäuser, Hotelgaragen und Firmen. Dort wird neben dem Ladestrom meist ein Abrechnungssystem benötigt, mittels Tankkarte oder RFID. Das braucht der private Nutzer in seiner Garage nicht.

Sinnvoll ist es immer, die Ladedose über einen leistungsstarken Stromspeicher anzusteuern. Er nimmt die Sonnenenergie bei Tage auf, um damit nachts das Auto zu betanken. In der Regel ist das Elektroauto der größte elektrische Verbraucher im Haus. Also muss die Speicherbatterie ausreichend Kapazität haben und genug Leistung anbieten, um die Ladetechnik zu versorgen. Ein Beispiel: Wenn die Fahrzeugbatterie 22 kWh fasst, muss der Speicher deutlich größer sein. Denn er soll neben dem Fahrzeug auch den Nachtstrom für das Gebäude liefern. Zudem muss die Entladeleistung der Speicherbatterie im Haus mit der Ladeleistung des Autos übereinstimmen. Sonst dauert der Ladevorgang mitunter sehr, sehr lange. In der Regel sind die Ladeströme aufgrund der Sicherungen im Haus auf 16 A begrenzt. Um 11 kW Ladeleistung aufzubringen, braucht man also unbedingt dreiphasigen Kraftstrom (400 V).

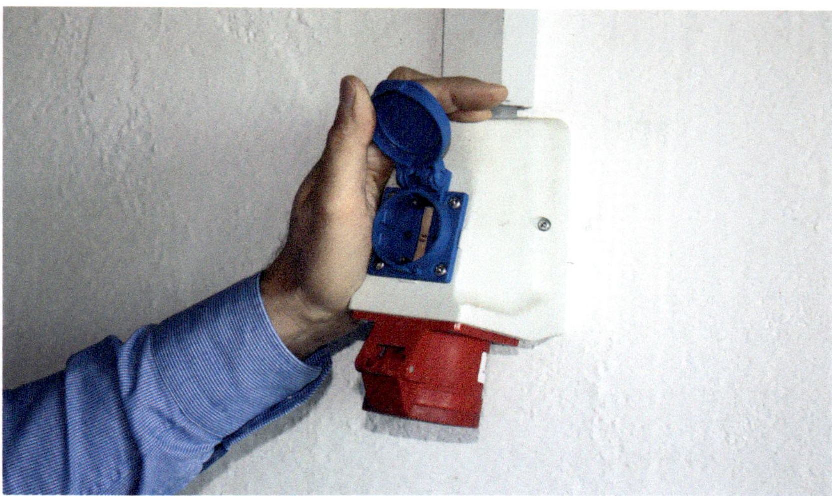

Abb. 4.58: Diese einfache Ladesteckdose in der Garage dürfte für die meisten privaten Hausbesitzer völlig ausreichen, um das E-Auto über Nacht zu laden.

Denkbar ist, von der Photovoltaikanlage mit DC in die Batterie zu gehen, ohne Wandlung zu Wechselstrom. Dann könnte man auch das Auto direkt mit Gleichstrom beladen. Der einfachere Weg führt über die klassische Hausinstallation mit 400-V-Kraftdose (AC, Schuko).

Bei den Autos sind bereits die ersten Modelle auf dem Mark, die bidirektional laden und entladen können. Dann wirkt das Auto wie eine Speicherbatterie, die ihren Strom ins Haus entladen kann. Mit solchen Systemen wird es denkbar, den elektrischen Hausanschluss zum Stromnetz zu kappen, und notwendige Stromreserven an der öffentlichen Ladestelle zu kaufen.

Mit Brennstoffzellen wird die Sache noch charmanter. Dann kann man das bidirektionale Fahrzeug über Nacht direkt aus der Brennstoffzelle beladen – ohne Umweg über eine Solarbatterie. Auf diese Weise erhöht sich die Wirtschaftlichkeit der Brennstoffzellen, ihre Amortisationszeit verkürzt sich beträchtlich.

5 Das unterschätzte Grundstück

Die energetischen Potenziale der Gebäude und der Grundstücke zu erkennen und zu erschließen, darin liegt der Schwerpunkt dieses Kapitels. Nicht nur der Baukörper des Wohnhauses bietet sich an, wie im vorherigen Kapitel gezeigt. Auch das Erdreich unterhalb des Gebäudes oder nebenliegende Flächen lassen sich zur Energiegewinnung nutzen. Hinzu kommen Sonne, Wind und Außenluft. Zu guter Letzt betrachten wir den Brennstoff Holz, der in einigen Regionen oft verfügbar ist und die Heizwärmeversorgung im Winter wirksam unterstützen kann.

Gemeinhin dient das Grundstück der Leitungsführung für diese Versorgungssysteme: Erdgas, elektrischer Strom (öffentliches Netz), Kaltwasser (Trinkwasser), Abwasser und Fernwärme. Auch Speichertanks für Gas und Heizöl können sich auf dem Gelände befinden.

5.1 Energie der Sonne

Auf der Hand liegt es, die Sonne zur Energieversorgung zu nutzen. Selbst in mittleren Breiten wie in Deutschland schickt die Sonne mehr als 1000 W pro Quadratmeter Fläche zur Erde. Selbstredend steht das Gros dieser Energie zwischen Frühling und Spätherbst zur Verfügung. Aber auch im Winter können Solargeneratoren erhebliche Energien umsetzen, wenn die Anlage ordentlich ausgelegt ist. In den Alpen beispielsweise sammeln die Photovoltaikmodule auch das Licht ein, das von der Schneedecke an sonnigen Tagen reflektiert wird. Die Sonne schickt ihre Energie als elektromagnetische Strahlung zu unserem Planeten, mit einem sichtbaren Spektrum, das von der energiereichen, ultravioletten (UV) Strahlung auf der blauen und der Wärmestrahlung auf der anderen Seite begrenzt wird. Ultraviolett, weil es an das sichtbare Blau und Violett unsichtbar anschließt. An der roten Seite wird das Sonnenspektrum durch die unsichtbare Wärmestrahlung begrenzt, man spricht von infraroter Strahlung. Photovoltaische Generatoren für Sonnenstrom nutzen vor allem das sichtbare Spektrum zwischen Gelb und Violett aus. Thermische Solarkollektoren wiederum ziehen vor allem die infraroten Anteile heraus, um sie für den Menschen auszunutzen. Sogenannte Hybridmodule kombinieren beide Systeme, um Strom und Wärme zu gewinnen.

5.1.1 Strom durch Photovoltaik

Jeder Quadratmeter von der Sonne beschienener Fläche bietet mehr als 1 kW Leistung an. Photovoltaische Generatoren machen daraus zwischen 850 und 1000 kWh elektrisch nutzbarer Energie im Jahr, die als Gleichstrom zur Verfügung steht. Das Geheimnis hat Albert Einstein zu Beginn des 20. Jahrhunderts gelüftet. Wenn die Sonne auf eine Metallplatte scheint, entsteht an der Platte ein elektrisches Potenzial, eine Spannung. Dieses Phänomen hat Einstein als photoelektrischen Effekt bezeichnet und gedeutet. Dazu benutzte er das Doppelgesicht des Lichts, das aus elektromagnetischer Welle und winzigen, masselosen Lichtteilchen (Photonen) besteht. Trifft das Licht auf einen Stoff, der über bewegliche Ladungsträger (Elektronen) verfügt, geben die Photonen ihre Energie an die Elektronen ab. Diese wiederum springen in die Freiheit, lösen sich aus der Atomschale. Nun stehen sie als freie Elektronen zur Verfügung, ein Strom kann fließen. Später entdeckte man, dass vierwertige Halbleiter wie Kohlenstoff oder Silizium ebenfalls eine photoelektrische Umwandlung durchlaufen. Diese Halbleiter verfügen über Elektronen oder sogenannte Fehlstellen (positive Ladungen), die bei Lichteinfall beweglich werden und als elektrischer Strom durch das Material wandern. Für die Dünnschichtphotovoltaik werden spezielle Halbleiter aus Kupfer und Indium, aus Cadmium und Tellur oder aus Germanium und Gallium verwendet.

5.1.1.1 Kristalline Photovoltaik

Nach einem Jahrzehnt einer unerhört rasanten Entwicklung hat sich zunächst die kristalline Solarzellentechnik am weitesten verbreitet (Abb. 5.1). Darin nutzt man Siliziumzellen mit einem Durchmesser von 5 oder 6 Zoll (2,54 cm), die aus kristallinen Wafern geschnitten werden. Diese Wafer entstehen aus Ingots, die man aus der zähflüssigen Schmelze zieht. Polykristalline Zellen verfügen über eine heterogene Struktur der Siliziumkristalle im Wafer. Sehr reine Einkristalle (monokristalline Wafer) weisen eine homogene Struktur auf. Sie erlauben eine bessere Stromausbeute, sind aber etwas aufwändiger in der Herstellung. In beiden kristallinen Technologien sind die Zellen zwischen 100 und 180 µm dick. Ein Mikrometer ist der tausendste Teil eines Millimeters. Damit die spröden Zellen nicht brechen, werden sie nach der Prozessierung und elektrischen Verschaltung (Zellstrings) zwischen Folien einlaminiert, mit Glas abgedeckt und mit einem Aluminiumrahmen versehen. Ein solches Paneel bezeichnet man auch als Solarmodul. Manche Solarmodule haben auf der Rückseite gleichfalls eine Glasplatte (Doppelglasmodule oder Glas-Glas-Module), manche schließen mit einer festen Folie ab. Mehrere Solarmodule kann man innerhalb eines Strangs (String) verschalten. Mehrere Stränge kann man kombinieren, um eine gewünschte Anlagengröße zu erreichen (Abb. 5.2). Alle Solarzellen, die Module und die Stränge geben Gleichstrom ab. Um ihn im Haushalt zu nutzen, muss man ihn für gewöhnlich durch einen Wechselrichter in netzkonformen Wechselstrom umsetzen (Abb. 5.3 und 5.4). Will man einen stationären Stromspeicher laden, kann man je nach Batteriemanager dafür Gleichstrom aus den Strings oder Wechselstrom aus dem Umrichter verwenden (Abb. 5.5 und 5.6 und 5.7).

Abb. 5.1: Semitransparentes Modul mit kristallinen Siliziumzellen: Es eignet sich gut für Vordächer, Wintergärten oder Carports, ebenso für luftige Dacharchitektur.

Abb. 5.2: Werden die Solarmodule auf einem Dach unterschiedlich steil aufgeständert, muss man sie in gesonderten Strings verschalten und zum Wechselrichter führen. Verwendet man Leistungsoptimierer für jedes Modul oder Modulwechselrichter, lässt sich die Anlage ungeachtet der Aufständerung sehr einfach planen.

Abb. 5.3: Die Wechselrichter setzen den Gleichstrom aus den photovoltaischen Paneelen auf dem Dach in netzkonformen Wechselstrom um – für den Verbrauch im Haus oder zur Einspeisung ins Stromnetz.

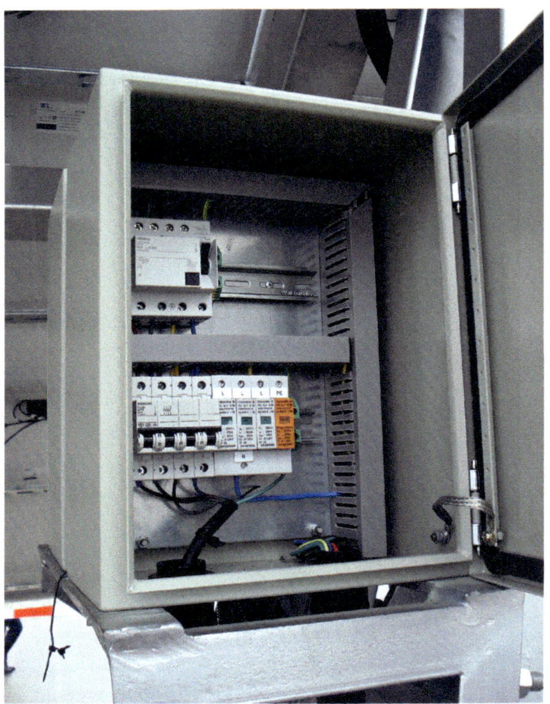

Abb. 5.4: Beispiel für einen Generatoranschlusskasten: In ihm laufen alle DC-Verkabelungen des Solargenerators zusammen. Eine gemeinsame Hauptleitung führt den Sonnenstrom anschließend zum Wechselrichter.

Abb. 5.5: Einbau einer Lithium-Ionen-Batterie als stationärer Stromspeicher im Keller. Solche Systeme lassen sich problemlos nachrüsten.

Abb. 5.6: Datenlogger für Photovoltaik: Er sammelt die Betriebsdaten und leitet sie an ein Webportal weiter. Einige Datenlogger erlauben es auch, beispielsweise die Batterie im Keller mit zu steuern.

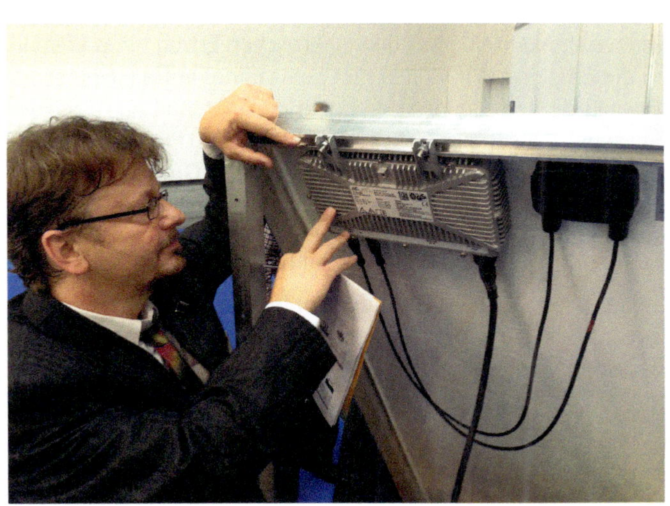

Abb. 5.7: Sogenanntes AC-Modul: Der Mikroinverter setzt den Gleichstrom aus den Solarzellen sofort in netzfähigen Wechselstrom um. Außerdem integriert er den Niederspannungsschutz. Angeschlossen über einen Wieland-Stecker lässt sich der Sonnenstrom direkt im Haus nutzen. Der Anschluss an eine Schuko-Steckdose ist unzulässig.

Je höher die Sonne steigt und je mehr Energie auf die Solarzellen fällt, desto mehr Strom können sie abgeben. Ihre elektrische Leistung ist an den Sonnenlauf gebunden. Während der Umwandlung der Energie der Photonen im Material wirken sich Verluste aus, die Siliziumzelle erwärmt sich. Höhere Temperaturen im Material wiederum erhöhen den inneren Widerstand gegen elektrischen Strom. Das bedeutet: Kristalline Solarzellen verlieren bei hohen Sonnenständen und hohen Temperaturen auf dem Dach an elektrischer Leistungsfähigkeit, durchaus 25 bis 30 % ihrer Nennleistung, die als Spitzenleistung (Watt peak) angegeben wird.

Man muss die Module ausreichend hinterlüften, damit sich die Wärme nicht stauen kann. Polykristalline Zellen erreichen bis zu 19 % Wirkungsgrad, monokristalline Zellen bis 22 %. Eingepackt ins Solarpaneel bleibt ein elektrischer Wirkungsgrad zwischen 18 % (polykristallin) und 21 % (monokristallin) übrig.

Solarmodule mit sogenannten Heterojunction-Zellen vereinen monokristalline Zellen mit einer hauchfeinen Deckschicht aus amorphem Silizium. Sie stapeln also zwei Zellen, die jeweils unterschiedliche Anteile des Lichtspektrums ausnutzen. Diese Solarmodule erreichen sogar mehr als 22 % Wirkungsgrad.

Die Forschung wird in den nächsten Jahren die Technik weiter ausreizen. Bei Zellwirkungsgraden von rund 25 % dürfte jedoch Schluss sein. Mitte 2022 leisteten gute polykristalline Paneele bis zu 330 W, monokristalline Solarmodule bis 380 W. Ein Modul hat etwa 1,6 m^2 Fläche. 1 kW benötigt demnach knapp 4 bis 5 m^2 Fläche. Umgerechnet auf das Kilowatt, inklusive der Montage, Verkabelung, Wechselrichter und dem Anschluss ans Stromnetz war das Kilowatt für rund 1200 Euro zu haben (ohne MwSt.). Bei Anlagen über 50 kW sinken die Preise auf rund 800 Euro pro Kilowatt. Diese Summe muss der Kunde hinblättern, danach liefert die Anlage 20 Jahre lang sauberen und vor allem preiswerten Strom. Denn die Sonne schickt für gewöhnlich keine Rechnung.

Hohe Temperaturen am Montageort oder Verschattungen durch Bäume, Vogelkot oder Gauben auf dem Dach wirken sich nachteilig auf den elektrischen Ertrag eines kristallinen Solarmoduls aus. Sie verringern die Effizienz. Wir wollen hier nicht näher auf die Finessen der Generatorplanung eingehen. Das würde den Rahmen sprengen, dafür stehen ausgezeichnete Literatur und Planungsprogramme bereit. Wichtig ist, dass mit der kristallinen Photovoltaik einige Konsequenzen verbunden sind, die unmittelbar das Wohngebäude und das Grundstück betreffen:

1. Kristalline Solarmodule müssen möglichst senkrecht zur Sonne ausgerichtet sein. Deshalb empfiehlt sich die Montage auf Schrägdächern nach Süden, Osten und Westen.
2. Süddächer erzeugen mittags sehr viel Strom, der im Wohnhaus meist nicht sofort verbraucht werden kann. Deshalb baut man zunehmend Solargeneratoren auf Ost-West-Dächern. Zwar geben sie etwas weniger Energie ab als Südanlagen, aber ihre Erzeugungsspitzen liegen am Morgen und am späten Nachmittag. Das passt in der Regel besser zum Stromverbrauch der Bewohner im Haus (Abb. 5.8).
3. Kristalline Solargeneratoren auf Flachdächern benötigen prinzipiell eine Aufständerung, um sie gegen die Sonne aufzurichten. Das Untergestell besteht aus Aluminium oder Stahl (Abb. 5.9 bis 5.12).
4. Solargeneratoren erhöhen die Anforderungen an den Schutz gegen äußere Blitze, Überspannungen (innerer Blitzschutz) und den Brandschutz. Nicht weil sie Brände verursachen

könnten. Wenn die Anlage von einem Fachmann geplant und installiert wurde, sind die Generatoren sicher. Aber die Solarstränge müssen spannungsfrei geschaltet werden, sollte es beispielsweise im Dachstuhl oder im darunter liegenden Gebäude zum Brand kommen. Dann sind die Löschkräfte durch den Sonnenstrom vom Dach gefährdet, auch wenn das Hausnetz vom örtlichen Stromnetz getrennt ist.

5. Aufgeständerte Solargeneratoren können die Sonne reflektieren, verursachen bei den Nachbarn unter Umständen unerwünschte Blendeffekte.
6. Mit kristallinen Solarmodulen kann man schadhafte Dächer reparieren und sanieren (s. Abschn. 4.2).
7. Kristalline Solargeneratoren dürfen nicht verschattet sein, auch nicht teilweise. Dann sinkt ihr Ertrag deutlich ab.
8. Sie brauchen eine gute Hinterlüftung, um nicht zu überhitzen. Mit jedem Kelvin mehr im Halbleiter sinkt die elektrische Leistung um 0,5 % (bezogen auf 25 °C). Leicht entstehen auf dem Dach im Sommer bis zu 80 °C. Das bedeutet einen Leistungsverlust von 27,5 % – ausgerechnet in der Zeit, wenn die Sonne am schönsten brutzelt.

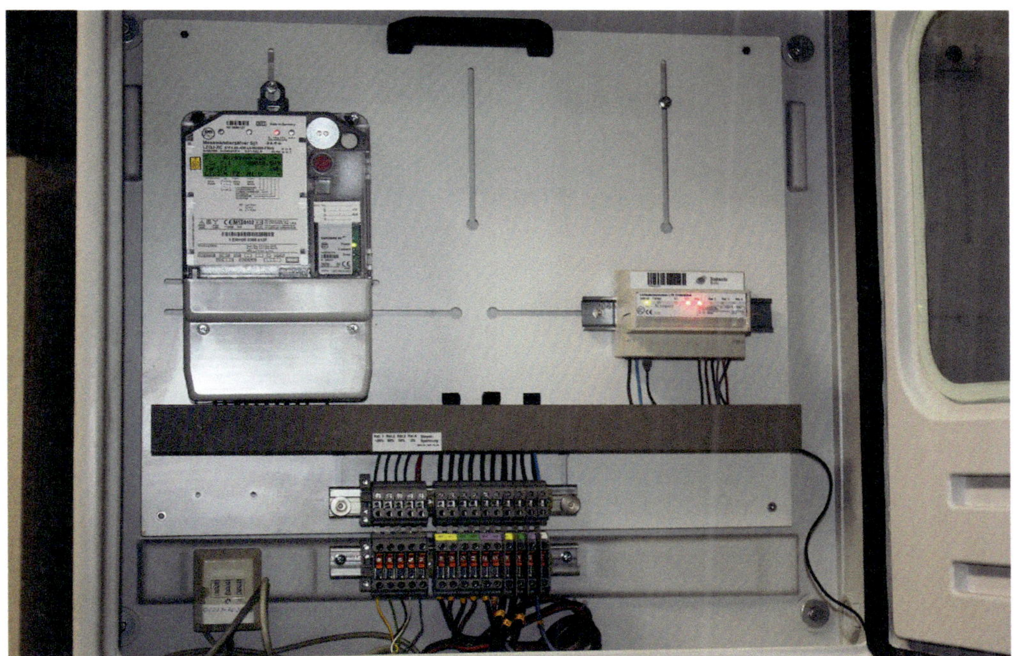

Abb. 5.8: Solche Funksysteme erfassen die Betriebsdaten der Hauselektrik und melden den Strombedarf an den regionalen Versorger – einmal in der Viertelstunde.

Abb. 5.9: Etwa 15° aufgeständerter Solargenerator auf einem Hausdach, nach Süden ausgerichtet: Nur geringe Ballastierung des Montagesystems ist notwendig, um die Anlage zu halten.

Abb. 5.10: Aerodynamisches Montagesystem für Aufdachgeneratoren, die nach Osten und Westen ausgerichtet werden. Sie liefern ihre höchsten Erträge am Vormittag und am späten Nachmittag. Die Ertragskurve passt sehr gut zu stationären Stromspeichern, die auf hohen Eigenverbrauch zielen.

Abb. 5.11: Diese Photovoltaikanlage wurde auf speziellen Betonelementen gelagert, die durch die Dachbalken abgestützt werden. Dadurch verbessert sich die Aufnahme der Windlasten in der Dachkonstruktion.

Abb. 5.12: Die Betonelemente liegen auf Holzquadern auf, die wiederum durch Gummiunterlagen gegen Verrutschen gesichert sind. Auf diese Weise wurden Dachdurchdringungen überflüssig.

5.1.1.2 Photovoltaik mit dünnen Schichten

Neben der kristallinen Zelltechnik haben sich andere aussichtsreiche Technologien entwickelt. Sie nutzen sogenannte Verbindungshalbleiter. Sie werden in hauchfeinen Schichten auf Metallblechen oder Gläsern abgeschieden, durch Sputtern, Aufdampfen oder chemische Abscheidung aus Prozessgasen. Die Schichten sind nur wenige Mikrometer dick. Geeignete Verbindungshalbleiter sind Schichtpakete aus Kupfer und Indium (CIS, CIGS und andere) sowie aus Cadmium und Tellur (Cadmiumtellurid). CIGS-Paneele schaffen bereits 16 % Wirkungsgrad, demnächst werden es 18 % sein. Damit überflügeln sie die polykristallinen Solarzellen, die bisher drei Viertel des Weltmarktes ausmachen. In den Laboren der großen Hersteller gibt es bereits Zellen mit mehr als 20 % Wirkungsgrad, wobei bei den Dünnschichtmodulen der Zellwirkungsgrad im Wesentlichen dem Modulwirkungsgrad entspricht. Sind die Trägerflächen (Metall, Glas) großflächig beschichtet, werden die Zellen im Nachhinein mit Lasern oder Nadeln strukturiert und verschaltet. Deshalb besteht ein Dünnschichtmodul aus hunderten kleiner Zellen, die man kaum mit bloßem Auge erkennen kann. Optisch wirken sie homogener, auch sind verschiedene Farben möglich. Weil die Module aus hunderten Zellen bestehen, sind sie viel robuster gegen teilweise Verschattung. Und weil die Halbleiterschichten so dünn sind, wirken sich höhere Temperaturen nicht so nachteilig auf den elektrischen Ertrag aus. Der temperaturabhängige Leistungsabfall ist nur halb so groß oder misst gar nur ein Drittel der Leistungsverluste eines kristallinen Moduls. Zudem muss ein Dünnschichtmodul nicht senkrecht gegen den Sonnenlauf stehen. Auch nutzt es seitliche Sonneneinstrahlung oder schwaches, diffuses Licht besser aus. Auf diese Weise ist es gut möglich, dass sie pro Kilowatt installierter Leistung einen höheren Ertrag erzielen als kristalline Solarmodule.

Bei kristallinen Solarmodulen ist die Nennleistung zugleich die Spitzenleistung des Moduls. Bei Dünnschichtmodulen wird die Nennleistung als gesättigte Leistung nach tausend Betriebsstunden angegeben, was vor allem bei Siliziumdünnschicht ein wichtiger Unterschied ist.

1. Dünnschichtmodule sind flexibler, was die Aufstellung und den Ort der Montage betrifft.
2. Meistens bieten sie deutlich höhere Spannungen an als kristalline Module.
3. Ihre Vorteile spielen sie an warmen und teilverschatteten Standorten aus.
4. Sie liefern am Vormittag eher Strom als kristalline Module und halten am Abend bei sinkender Sonne länger aus. Ihr Ertragsprofil ist gleichmäßiger, verteilt über den Tag.
5. So kann ihr tatsächlicher Ertrag höher sein als bei kristallinen Generatoren, die nominal eine höhere Nennleistung aufweisen.
6. Gegenüber kristallinen Generatoren benötigen sie speziell zugelassene Wechselrichter, guten Blitzschutz (höhere Isolationsspannungen) und Erdungskonzepte.
7. Wie kristalline Solarmodule eignen sie sich zur Sanierung von Dächern, also als Ersatz für die Eindeckung.

5.1.1.3 Solargenerator auf dem Grundstück

Meist werden die Solargeneratoren auf dem Dach installiert. Das kann das Hausdach sein oder Dächer von Anbauten oder Nebengebäuden. Möglich ist es auch, die Solargeneratoren frei aufzuständern. Dazu muss das Grundstück ausreichend groß sein und die entsprechenden Gegebenheiten aufweisen. Die Untergestelle werden über Rammpfosten, Schraubnägel oder Fundamente im Boden verankert. Es ist darauf zu achten, dass der Wind auf den Flächen der Solarmodule sehr große Kräfte entwickeln kann. Man muss sie also sicher verankern. Der Vorteil dieser Bauweise: Der Installateur braucht nicht auf das Dach zu steigen, auch nicht bei Wartung, Reinigung oder Reparatur. Die Wechselrichter werden hinter die Module in den Schatten gehängt. Die Nachteile: Man muss den Sonnenstrom über ein separates Kabel ins Gebäude führen. Hängt der Wechselrichter im Keller am Hausanschluss, braucht man eine DC-Leitung (Generatorhauptleitung). Hängt der Wechselrichter bei der Anlage, wird Wechselstrom (AC) ins Haus geführt. Ein weiterer Nachteil: Die Photovoltaikanlage ist leichter zugänglich – für jedermann. Man sollte sie unbedingt durch einen Schutzzaun sichern, damit Unbefugte keinen Zutritt haben, auch nicht versehentlich. Im Winter lässt sich der Schnee besser entfernen als auf dem Dach.

Eine zweite Möglichkeit ist, die Solarmodule auf hochschwebenden Tischen zu montieren, auf meterhohen, beweglichen Masten. Diese Bauform bezeichnet man als Nachführsysteme oder Tracker. Die Tracker führen die Solarmodule dem Stand der Sonne nach, im Sommer wie im Winter (Abb. 5.13). Im Sommer läuft die Sonne höher über den Himmel, dann sind die Tracker flach angestellt. Bei tiefer Wintersonne stellen sie sich steiler an. Tracker werden einachsig (von Ost nach West mit dem Lauf der Sonne am Tag) oder zweiachsig (zusätzlich nach dem jahreszeitlich bedingten Höhenstand der Sonne) nachgeführt. Sie verfügen über Stellmotoren und Steuerelektronik, in denen die astronomischen Sonnenbahnen abgelegt sind. Gut bewährt haben sich Solartracker, die sich mithilfe von lichtsensiblen Sensoren am hellsten Punkt des Himmels ausrichten (Maximum Light Detection, MLD). Zweiachsige Tracker verbessern die elektrischen Erträge der Solarmodule um bis zu 25 %, haben aber nur bei kristallinen Paneelen Sinn. Ihre Ertragskurve gleicht einer Glocke, was besser zur Batterie passt. Ein weiterer Vorteil: Im Winter können sie sich so steil anstellen, dass der Schnee von allein abrutscht. Bei besonders starken Stürmen gehen sie in die Segelstellung, um dem Wind möglichst geringe Angriffsfläche zu bieten.

Abb. 5.13: Wechselrichter an einem Modultracker. Der große Tisch führt die Solarmodule dem Sonnenlauf nach. Auf diese Weise geben die Solarpaneele zwischen 15 und 30 % mehr Energie ab als fest aufgeständerte Anlagen.

Problematisch ist, dass in den verschiedenen Bundesländern unterschiedliche Spielregeln für die Baugenehmigungen gelten. In manchen Bundesländern sind Tracker bis 3 m Höhe genehmigungsfrei, in anderen nicht. Ähnliches gilt für Kleinwindkraft. Ohne Weiteres kann man Aufdachgeneratoren und Trackersysteme miteinander kombinieren. Der erzeugte Gleichstrom oder der Wechselstrom aus den Teilgeneratoren lässt sich problemlos zusammenführen.

5.1.2 Solarthermie

Die zweite Möglichkeit, Sonnenenergie im Gebäude zu nutzen, bieten die solarthermischen Kollektoren. Sie führen Luft oder Wasser als Trägermedium, um Sonnenwärme einzusammeln und ins Haus zu leiten. Meist wird die Sonnenwärme in einen wassergeführten Pufferspeicher geführt, um von dort die Wärmeverteilung im Gebäude zu speisen oder Warmwasser zu bereiten. Auch hier geht es nicht darum, die hohen Anforderungen an die Anlagenplanung und die Installation der Kollektoren im Detail zu deklinieren. Dazu gehören umfangreiches Spezialwissen und lange Erfahrung. Wichtig für uns ist ein Gefühl, in welchen Fällen sich die vertiefende Planung einer solarthermischen Anlage lohnen könnte.

5.1.2.1 Solarluftkollektoren

Prinzipiell sind die solarthermischen Kollektoren immer als dunkle Wärmeabsorber aufgebaut, die rückseitig mit Dämmung versehen werden. Nutzt man Luft als Trägermedium für die Sonnenwärme, spricht man von Solarluftkollektoren. Das sind handliche Blechkästen, deren Oberfläche durch die Sonne erwärmt wird (Abb. 5.14).

Abb. 5.14: Einbau von Solarluftkollektoren bei einer Dachsanierung: Die Frischluft wird solar vorgewärmt. Dadurch sinkt der Anteil des Heizbedarfs, der die Lüftungswärmeverluste ausgleichen muss. (Quelle: Grammer Solar)

Unter dem Deckblech liegen Kanäle, in denen Luft zirkuliert. Das kann die Frischluft einer kontrollierten Wohnraumlüftung sein, um sie auf diese Weise im Winter vorzuwärmen. Das kann auch der Luftstrom einer luftgeführten Wärmepumpe sein, bevor der zum Verdampfer gelangt. Er nimmt die Sonnenwärme auf und gelangt vorgewärmt zum Arbeitskreis der Wärmepumpe. Manche Solarluftkollektoren beinhalten einen Ventilator, um die Luftbewegung zu unterstützen. Der Ventilator wird durch Solarzellen mit Strom versorgt (Abb. 5.15).

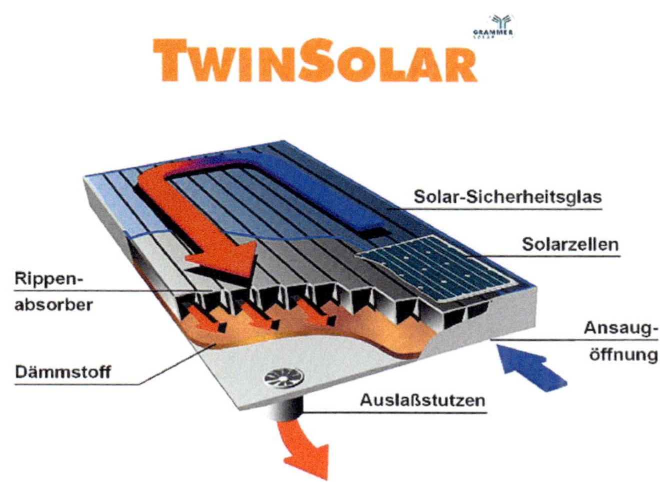

Abb. 5.15: Prinzip des Solarluftkollektors Twin-Solar von Grammer. Er verfügt über eine Solarzelle, die den Ventilator im Innern treibt. Dadurch wird die solar vorgewärmte Luft im Kollektor umgewälzt. (Quelle: Grammer Solar)

Elegant sind solche Solarluftkollektoren in vorgehängten Fassaden etwa am Treppenhaus oder auf Flachdächern, wo man sie ohne großen Aufwand installieren kann. Die Anbindung an die Lüftungstechnik oder an die Wärmepumpe erfolgt in üblichen Blechkanälen oder mit gedämmten Rohren. In der Landwirtschaft setzt man solche Kollektoren ein, um warme Luft für Trockenhallen zu erzeugen. Man kann sie ebenso unter semitransparente Photovoltaikmodule bauen, um die Abwärme der Zellen und Teile des Sonnenlichts zu nutzen. Die Generatoren werden gekühlt, was sich positiv auf ihren elektrischen Ertrag auswirkt.

5.1.2.2 Wassergeführte Kollektoren

Sie heizen mithilfe der Sonnenwärme eine Sole auf, die im Innern der Kollektoren zirkuliert. Abgesehen von vielen speziellen Spielarten gibt es grundsätzlich Flachkollektoren, Vakuumröhrenkollektoren und CPC-Kollektoren. In den Flachkollektoren strömt das Wasser-Glykol-Gemisch durch Metallrohre (Kupfer, Aluminium), um die Sonnenwärme aufzunehmen (Abb. 5.16). Die Flachkollektoren sind mit einer Glasplatte abgedeckt und rückseitig mit einer dicken Dämmung gegen Wärmeverluste geschützt (Abb. 5.17). Aufgrund der Bauart und der Wärmeverluste bieten die Flachkollektoren zwischen 25 und 80 °C im Solarkreis an, der mit einem Solarpuffer verbunden ist. Ihr Marktanteil in Deutschland beträgt rund 90 %. Es werden handliche und sehr großflächige Kollektoren angeboten, die etliche Quadratmeter groß sind. Diese Giganten kann man nur mit dem Kran aufs Dach bringen, weshalb man sie gelegentlich als Krankollektoren bezeichnet. Allerdings lassen sich damit sehr große Solarfelder in kurzer Zeit und mit geringerem Aufwand für die hydraulische Verrohrung herstellen.

Abb. 5.16: Bauprinzip eines solarthermischen Harfenabsorbers. Die Kupferrohre sind direkt mit den Sammlern für Vorlauf und Rücklauf verbunden. Das Absorberblech wirkt als dunkle Fläche, um die Wärme aufzunehmen.

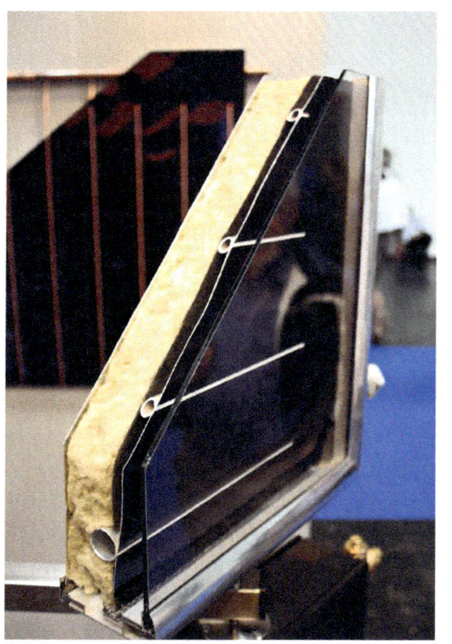

Abb. 5.17: Hinter dem Harfenabsorber befindet sich eine dicke Wärmedämmung, um Abstrahlverluste zu vermeiden. Deshalb eignen sich solarthermische Kollektoren sehr gut als Vorhangfassade, die eine gewisse Dämmung gegen die Warmfassade anbietet.

Röhrenkollektoren bestehen aus evakuierten Glasröhren, in deren Inneren ein metallenes Absorberrohr verläuft. Weil dieses Rohr durch ein Vakuum gegen die Umwelt isoliert ist, kann der Kollektor viel höhere Temperaturen anbieten – und vor allem aushalten. Allerdings ist er aufwändiger und teurer als ein Flachkollektor.

Beide Systeme installiert man gewöhnlich auf dem Dach oder als Indachkollektor. Manchmal findet man die Kollektoren auch an der Fassade. Das Problem bei den solarthermischen Kollektoren ist, dass sie im Sommer sehr heiß werden, mehr als 100 °C. Die Sole verdampft, der Druck im Innern steigt. Damit die Kupferleitungen und Glasröhren nicht platzen, muss man diese Wärme schnell in einen Solarspeicher abführen, der groß genug dimensioniert ist. Im Sommer wird meist jedoch nur Warmwasser benötigt. Der Wärmebedarf der Hausbewohner ist überschaubar. Das bedeutet, dass man für solarthermische Generatoren große Speicher braucht, die man auf der Verbrauchsseite jedoch kaum ausnutzt. Unverglaste Kollektoren werden bis zu 60 °C warm, wenn die Wärme im Sommer nicht abgenommen wird, sie im Stillstand laufen. Verglaste Flachkollektoren erhitzen sich auf 170 bis 240 °C. Röhrenkollektoren können gar bis 300 °C heiß werden. Also muss man alle Bauteile und Armaturen der solarthermischen Anlage auf diese Temperaturen auslegen. Die Solarpumpe sollte unbedingt im Rücklauf vom Solarspeicher sitzen, weil er kälter ist als der heiße Vorlauf aus dem Kollektor. Das Ausdehnungsgefäß der Solarhydraulik muss die hohen Temperaturen ebenso verkraften (Abb. 5.18). Das Glykol in der Sole darf sich nicht zersetzen. Damit die Kollektoren keinen Schaden nehmen, sollte der Solarspeicher mindestens 50 Liter pro Quadratmeter Kollektorfläche anbieten.

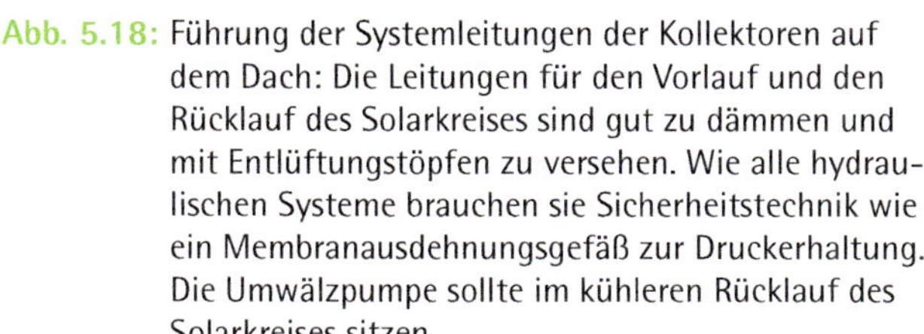

Abb. 5.18: Führung der Systemleitungen der Kollektoren auf dem Dach: Die Leitungen für den Vorlauf und den Rücklauf des Solarkreises sind gut zu dämmen und mit Entlüftungstöpfen zu versehen. Wie alle hydraulischen Systeme brauchen sie Sicherheitstechnik wie ein Membranausdehnungsgefäß zur Druckerhaltung. Die Umwälzpumpe sollte im kühleren Rücklauf des Solarkreises sitzen.

Im Winter bieten nur die Röhrenkollektoren ordentliche Temperaturen an, etwa 80 °C. Die einfachen Flachkollektoren hingegen erzielen vielleicht 20 oder 25 °C (an sonnigen Tagen). Diese niedrigen Temperaturen lassen sich kaum nutzen (Abb. 5.19). Denn im Winter springt gewöhnlich eine Wärmepumpe oder ein Kessel ein, um die Heizung zu bedienen. Man kann den Vorlauf einer erdgeführten Wärmepumpe mit Solarthermie vorwärmen. Das bedeutet jedoch einen erheblichen planerischen und Montageaufwand und eine ausgefeilte Steuerung der Pumpen und Wärmeströme. Denn ein wassergeführter Sonnenkollektor braucht immer mindestens eine Umwälzpumpe, um die Sole im Kollektorkreis in Schwung zu bringen. Die Solarpumpe braucht elektrischen Hilfsstrom. Je mehr Wärme aus dem Kollektor abgeführt werden muss, umso mehr arbeitet die Solarpumpe. Deshalb bieten sich Solarkollektoren nur an, wenn geringe Wärmeerträge gut im Gebäude verwertet werden, etwa durch solar aktivierte thermische Massen (Bauteile) oder die Kombination mit Wärmepumpen. Oder man führt die Solarwärme in einen Swimming Pool, dessen Wasser als Speicher dient. Dafür reichen aber die sogenannten Schwimmbadabsorber aus. Das sind im Prinzip dunkle PE-Rohre, die über das Dach laufen und die Wärme aus der Sole in einem Wärmetauscher ans Schwimmbad übergeben. In diesem Fall wirkt das Bassin als Solarspeicher.

Abb. 5.19: Flachkollektoren in einem Wohngebiet in Berlin: Im Sommer geben sie hohe Temperaturen ab, im Winter jedoch schwächeln sie.

Die Solarkollektoren haben einen Vorteil: Man kann sehr kleine Anlagen aus einem, zwei oder drei Kollektoren damit bauen. Ebenso gut kann man größere Dächer belegen, wobei die Statik zu beachten ist. Sorgfalt gilt der Dachdurchführung der hydraulischen Solarleitung (Vorlauf, Rücklauf). Ein stillgelegter Kamin eignet sich dafür unter Umständen gut (Abb. 5.20). Zu beachten ist, dass die Flüssigkeit im Kollektor während der Wintermonate vereisen kann. Deshalb mischt man Glykolfluide mit Inhibitoren gegen Korrosion bei, weil Glykol sehr aggressiv reagiert. Der Frostschutz sollte mindestens auf –30 °C ausgelegt sein. Manche Systeme verzichten auf den Frostschutz. Im Winter pumpen sie warmes Wasser aus dem Pufferspeicher in den Kollektor, um ihn vor Vereisung zu schützen. Vakuumröhrenkollektoren haben dieses Problem nicht.

Abb. 5.20: Bei dieser Anlage werden die hydraulischen Leitungen des Solarkreises durch einen still gelegten Kamin bis zum Heizungskeller geführt, wo der Pufferspeicher der Solaranlage steht. Selbstredend sollte der Kamin zuvor überprüft und saniert werden.

Unter CPC-Kollektoren versteht man spezielle Röhrenkollektoren, in denen parabolisch geformte Spiegelrinnen das Sonnenlicht bündeln. CPC bedeutet Compound Parabolic Concentrators. Sie schaffen noch höhere Temperaturen als die Vakuumröhrenkollektoren. Für Wohngebäude sind sie jedoch wenig geeignet, weil ihre Röhren in einem bestimmten Neigungswinkel (> 30°) zur Sonne ausgerichtet sein müssen. Nur dann kann der Regen die Gläser sauber halten. CPC-Kollektoren darf man nicht waagerecht montieren (Abb. 5.21).

Abb. 5.21: CPC-Kollektoren mit Einstrahlungssensor als Referenzwert für die Ertragsberechnung der nebenstehenden Photovoltaikanlage

Ähnlich wie in der Photovoltaik werden auch solarthermische Kollektoren über ihren Wirkungsgrad beschrieben. Der Wirkungsgrad bezeichnet das Verhältnis der vom Absorber oder Kollektor abgegebenen Wärme zur aufgenommenen Strahlungswärme von der Sonne. Will man den Energieertrag der gesamten solarthermischen Anlage ermitteln, spricht man von Nutzungsgrad. Er beinhaltet auch die Solarpumpe, die Solarstation (Steuerung) und den Speicher für die Solarwärme.

Solarthermische Kollektoren werden hinsichtlich ihrer Qualität mit dem Label „Solar Keymark" zertifiziert (Abb. 5.22). Es spezifiziert alle technischen Merkmale der Kollektoren. Geprüft werden sie nach den Regeln der DIN EN ISO 9806. Auch solarthermische Kollektoren benötigen einen Blitzschutz, vor allem auf dem Dach. Wie Photovoltaikmodule sind sie auf Flachdächern aufzuständern und zur Sonne auszurichten (Abb. 5.23). Die Verschattung durch Schornsteine, Bäume oder Nachbargebäude ist zu vermeiden.

Abb. 5.22: Prüfzeichen Solar Keymark, das für solarthermische Kollektoren gilt (Quelle: DIN Certo)

Abb. 5.23: Die Montage der Solarkollektoren erfolgt ähnlich wie von photovoltaischen Solargeneratoren durch Aufständerungen

Als Richtwert gilt: Für ein Einfamilienhaus mit 180 m² beheizter Wohnfläche sollte die solarthermische Kollektoranlage mindestens 10 kW leisten. Nur dann stellen die Kollektoren auch im Winter ausreichend Solarwärme bereit, um die Heizung wirksam zu unterstützen. Eine Faustformel besagt, dass man pro 10 m² Wohnfläche rund 1 m² Kollektor braucht, etwa 600 W thermische Leistung. Rechnet man mit 10 kW für eine vierköpfige Familie, fällt im Sommer sehr viel Überschusswärme an. Denn der Warmwasserbedarf ist ungleich geringer.

Man erkennt an diesem Beispiel sehr gut das Dilemma, dem sich der Anlagenplaner gegenüber sieht. Große Kollektorfelder sind für die Heizungsunterstützung im Winter sinnvoll. Im Sommer braucht man jedoch riesige Speicher, um die Stillstandswärme (Stagnation) abzuführen. Bei 18 m² Kollektorfläche und 50 l je m² sind das runde 900 l. Viel einfacher ist es, Warmwasser mit einer kleinen Warmwasser-Wärmepumpe zu bereiten, die mit Sonnenstrom angetrieben wird. Werden Warmwasser und Heizung thermisch und physisch getrennt, ist eine leistungsfähige Heizwärmepumpe die bessere Wahl. Darin liegt ein wesentlicher Grund, dass die Solarthermie in Deutschland jedes Jahr Marktanteile an die Wärmepumpen und die Photovoltaik verliert. Besonders gefragt sind effiziente Heizwärmepumpen, die das thermische Potenzial der Außenluft anzapfen. Sie mit Solarkollektoren zu kombinieren, ergibt überhaupt keinen Sinn.

1. Solarkollektoren erfordern einen hohen hydraulischen Aufwand.
2. Stehen große Speichervolumen (Schwimmbad, gewerbliche Prozesswärme) zur Verfügung, kann ihr Einsatz sinnvoll sein.
3. In der Versorgung kleiner Wohngebäude haben wassergeführte Kollektoren nur in Kombination mit Wärmepumpen eine Zukunft.
4. Für Mehrgeschosswohnbauten oder Wohngebäude mit angeschlossenen Hotels beziehungsweise Pensionen oder Gaststätten kann ein hoher Warmwasserbedarf die solarthermische Versorgung rechtfertigen.

5.1.3 Solare Kraft-Wärme-Kopplung

Fast waren sie schon beerdigt, die Kombisysteme aus Solarmodul und Sonnenkollektor. Doch mittlerweile kommt eine Spielart der Hybridtechnik zu neuen Ehren: Photovoltaikmodule mit Wärmetauscher erzeugen nicht nur Strom, sie speisen auch Wärme in die Haustechnik ein. Die Rede ist von solarer Kraft-Wärme-Kopplung auf dem Dach. Sie hat den großen Vorteil, dass man die wertvolle Dachfläche nicht mehr zwischen der Photovoltaik und den Sonnenkollektoren aufteilen muss. Sonnenkollektoren verringern die Rentabilität des Daches, weil sie nur Wärme erzeugen, aber keinen Strom. Sonnenstrom ist höherwertig als Solarwärme. Die Hybridmodule liefern Strom und Wärme, ohne das optische Gesamtbild einer homogenen Solarfläche zu stören (Abb. 5.24).

DAS LICHTSPEKTRUM DER SONNE

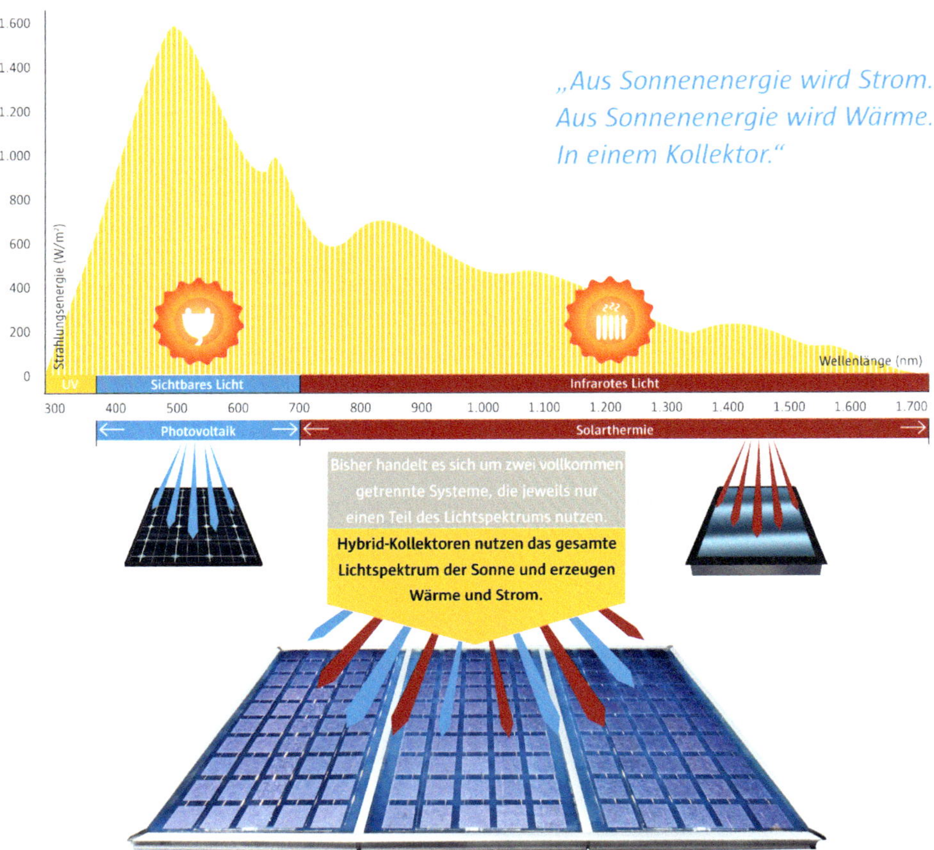

Abb. 5.24: Hybridmodule vereinen photovoltaische Generatoren mit solarthermischen Wärmetauschern. Sie nutzen das Sonnenspektrum sehr gut aus. (Quelle: Solarhybrid)

Basis der Hybridmodule sind monokristalline Solarmodule, die 300 W und mehr leisten. Unter das Laminat wird ein sehr flacher Wärmetauscher aus Kunststoff gesetzt, der die Abwärme der Zellen aufnimmt und ableitet. Das ganze Sandwich passt in den üblichen Rahmen eines Photovoltaikmoduls (Abb. 5.25). Man kann es genauso installieren wie ein reines Solarmodul. Die Bauhöhe ist durch den Rahmen vorgegeben. Zum Dach hin schließt der Wärmetauscher mit einer Dämmschicht und einer Aluminiumfolie ab, zum Schutz gegen Korrosion und Nager. Das Bauteil wiegt 25 kg, also nur 4,5 kg mehr als das Standardmodul. Auf dem Dach ist es problemlos handhabbar. Die Füllung des Wärmetauschers beträgt lediglich 0,7 kg (Abb. 5.26).

Abb. 5.25: Bauform eines Hybridmoduls. Man spricht auch von solarer Kraft-Wärme-Kopplung. (Quelle: Solarhybrid)

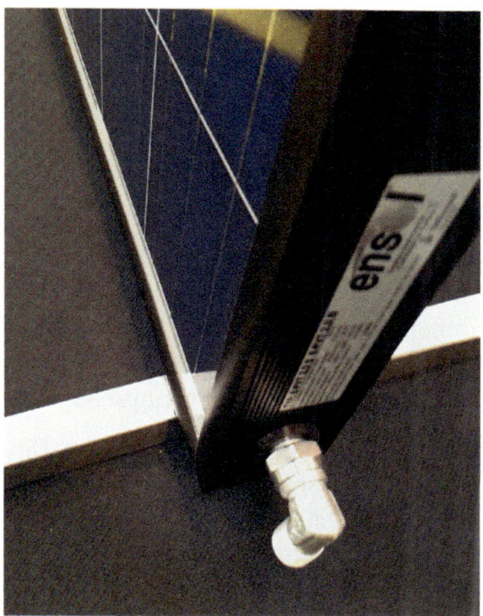

Abb. 5.26: Hydraulischer Anschluss eines Hybridmoduls. Auf der Frontseite liegen Solarzellen, die elektrische Energie liefern. Der darunter liegende Wärmetauscher nutzt die Abwärme des Solarmoduls, etwa für Warmwasser.

Optisch sind sich die Standardmodule und die Hybridmodule sehr ähnlich, wenn nicht sogar gleich. Kombiniert man zwölf Hybridmodule und acht Solarmodule, liefert das Dach rund 3,6 kW elektrische Leistung und etwa 8 kW thermische Leistung. Diese Anlage ist innerhalb eines Tages aufgebaut und angeschlossen. Dazu gehören auch die Eindeckungen, Schmuckbleche sowie die

Verrohrung vom Dach zur Haustechnik. Manche Systeme koppeln die Wärmetauscher unter den Solarmodulen mit der Wärmepumpe, die im Winter die Heizwärme versorgt. Im Sommer reicht die Solarwärme aus, um Warmwasser zu erzeugen.

5.2 Stationäre Brennstoffzellen und BHKW

Mit dem Eigenverbrauch von Sonnenstrom rückt die Frage in den Mittelpunkt, wie man sauberen Strom in der Nacht oder in den sonnenschwachen Wochen des Jahres bereitstellen kann.

Zunächst einmal kann der Hausbesitzer auf das Stromnetz zurückgreifen, das wie eine Superbatterie fungiert. Dort lässt sich Ökostrom einkaufen, wenn der Sonnenstrom vom eigenen Dach nicht mehr ausreicht, den Bedarf im Haus zu decken.

Eine andere Möglichkeit: Mithilfe von Blockheizkraftwerken (BHKW) kann der Hausbesitzer im Winter Strom erzeugen, wenn Gas oder ein flüssiger Brennstoff verbrannt werden. Das sind konventionelle Gasmotoren oder Dieselgeneratoren, auf deren Achse ein Generator sitzt. Der Generator erzeugt über das Dynamoprinzip einen Wechselstrom, der in der Regel mit dem Netz synchronisiert werden muss. Solche Generatoren kommen auch bei der unterbrechungsfreien Stromversorgung (USV) zum Einsatz, gemeinhin als Notstrom bekannt. Wobei Notstrom eigentlich bedeutet, dass trotz Netzausfall eine oder mehrere Steckdosen versorgt werden. USV hingegen werden bei gewerblichen oder Firmennetzen verwendet. In diesem Falle schaltet sich das Dieselaggregat zu, um die Stromversorgung bei Netzausfall komplett zu übernehmen, etwa in einer Klinik oder in einem Rechenzentrum. Meist werden zu diesem Zwecke starke Batteriepakete vorgehalten, denn die Umschaltung vom Stromnetz auf den Generator dauert meist einige Sekunden. Ein Anbieter aus Österreich kombiniert einen kompakten Holzpelletkessel mit einem Stirlingmotor zur Stromerzeugung.

Fossile Blockheizkraftwerke werden zur Versorgung von Wohngebäuden eingesetzt. In ihnen verbrennt Erdgas oder Diesel (oder Holzpellets), also liefert der Motor viel Abwärme. Diese Abwärme ist heiß genug, um damit die Raumheizung zu versorgen – über hydraulische Wärmetauscher. Das passt meist gut mit dem Temperaturbedarf der Heizkörper in der Modernisierung von Wohngebäuden zusammen. Für Fußbodenheizungen sind die Temperaturen aus dem Motor in der Regel zu hoch.

Ohne sich weiter in die bekannte Technik der BHKW einzulassen: Die hohe Abwärme ist der Grund, warum diese BHKW keinen wirklich breiten Einsatz finden. Sie sind Heizkessel und Generator in einem. Doch die Zeit der Kessel ist abgelaufen, von Holzheizungen einmal abgesehen. Will man von den hohen Systemtemperaturen herunterkommen oder die Hausversorgung komplett auf elektrischen Strom umstellen, stört die hohe Abwärme. Denn sie lässt sich nicht ohne Weiteres ignorieren.

Der wichtigste Einwand: Fossile Blockheizkraftwerke laufen mit Verbrennungsmotoren. Ihr Wirkungsgrad ist entsprechend gering, der Brennstoff wird nur ungenügend ausgenutzt. Und stets geben sie schädliche Emissionen ab. Sie brauchen eine separate Zuführung für die Verbrennungsluft sowie Abluftfilter und Schornsteine gemäß Bundes-Immissionsschutzverordnung. Aufgrund der hohen Temperaturen und des enormen Verschleißes benötigen klassische BHKW alle zwei Jahre eine aufwändige Durchsicht und Instandsetzung der Verschleißteile am Motor oder an den Kohlebürsten des Generators.

Eine Sonderform der Blockheizkraftwerke, also der Erzeugung von Strom und Wärme aus einem kompakten Gerät, sind die neuartigen Brennstoffzellen. Seit einigen Jahren bietet der Haustechnikmarkt solche kleinen Kraftpakete an. Sie geben zwischen 800 W und 5 kW elektrischer Leistung ab. Die thermische Abwärme liegt zwischen einigen kW bis mehr als 25 kW. Einige Brennstoffzellen wurden mit Gasthermen im Kompaktgerät kombiniert, um sie speziell für die Bestandssanierung aufzurüsten. Dann spricht man vom Brennstoffzellen-Heizgerät (Abb. 5.27).

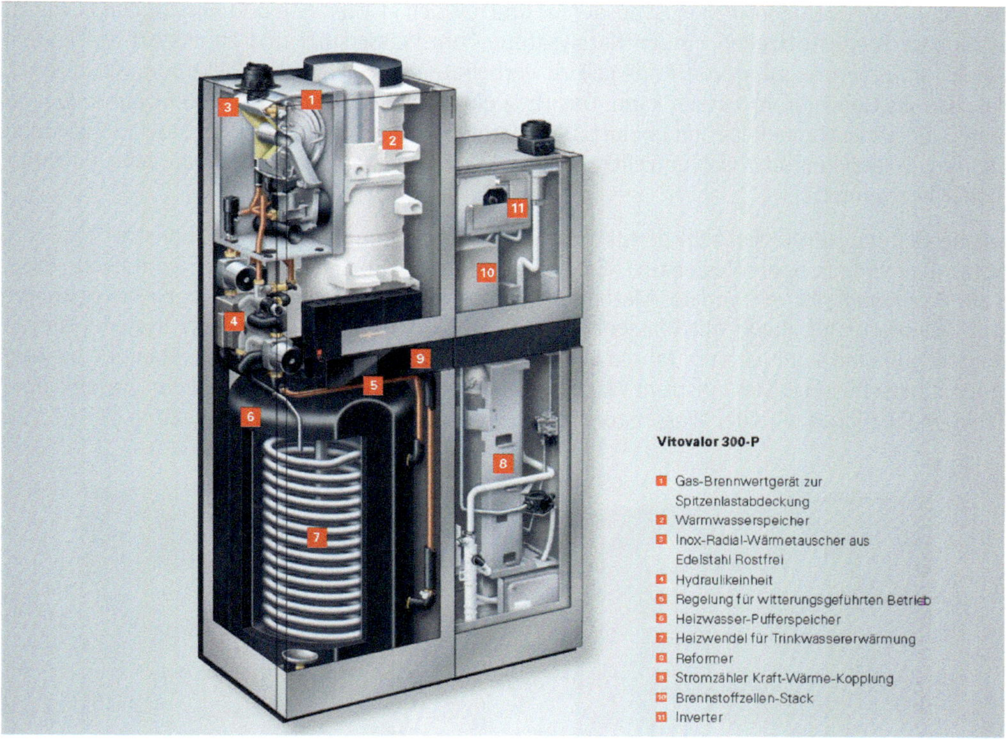

Abb. 5.27: Schnitt durch ein Brennstoffzellen-Heizgerät, das die saubere Stromerzeugung aus Erdgas und Heizwärme aus einer Gastherme kombiniert. (Quelle: Viessmann Werke)

Geht man davon aus, dass elektrischer Strom künftig auch die Wärme im Haus bereitstellt und das Auto tankt, haben rein stromgeführte Brennstoffzellen mit möglichst wenig Abwärme die besten Aussichten auf einen Massenmarkt. Diese stationären Brennstoffzellen sind viel einfacher und kompakter aufgebaut als die klassischen BHKW, zudem kommen sie ohne rotierende oder heiße Teile aus.

Der deutsche Markt wächst jährlich um 9000 bis 10000 Geräte, schätzt die Initiative Brennstoffzelle (IBZ). Es wird erwartet, dass die Zahlen noch zunehmen, auf 11000 Anlagen pro Jahr und mehr. Wie sich in Japan gezeigt hat, haben die Brennstoffzellen das Potenzial eines riesigen Absatzes. Denn dort sind inzwischen mehr als 100000 Geräte im Einsatz.

Die Arbeitsgemeinschaft Brennstoffzelle beim VDMA rechnet damit, dass bis 2025 weltweit mehr als 500 000 stationäre Brennstoffzellen-BHKW in Betrieb sein werden. In Deutschland sind solche Geräte seit etwa 2012 auf dem Markt. Anfang 2017 verkündete ein großer Anbieter von Haustechnik, aus der Entwicklung der Brennstoffzellen auszusteigen. Das dürfte sich als strategischer Fehler erweisen. Denn neben einem großen Konkurrenten (der die bewährten Brennstoffzellen aus Japan in seinen Geräten einbaut) sind einige interessante Newcomer mit dieser neuen Technik erfolgreich.

Die Technik der Brennstoffzellen ist ausgereift und hat sich in Millionen Betriebsstunden bewährt. Stationäre Brennstoffzellen nutzen Katalysatoren, um Wasserstoff und Sauerstoff auf kaltem Wege (ohne Verbrennung von Knallgas) zu verheiraten. Dabei werden Elektronen freigesetzt, die man als Gleichstrom nutzen kann. Das Herz eines solchen Aggregats besteht aus Zellen, in denen die katalytische Reaktion abläuft. Die Summe mehrerer Zellen sind ein Stack, so wie man mehrere Solarzellen oder Lithiumzellen in einer Speicherbatterie als Solarmodul oder Batteriemodul bezeichnet.

Solche Generatoren lassen sich perfekt mit Photovoltaik kombinieren. Als Brennstoff im Stack nutzt man Erdgas oder Wasserstoff. Erdgas ist vielerorts über die Gasnetze vorhanden (Abb. 5.28). In einem Reformer wird das Methan in Kohlenstoff und Wasserstoff zerlegt. Andere Brennstoffzellen arbeiten direkt mit Wasserstoff, ohne Vorstufe über Erdgas. Solche Systeme für die Haustechnik sind seit mehreren Jahren auf dem Markt. Der Wasserstoff wird im Sommer erzeugt, indem überschüssiger Sonnenstrom Wasser in seine Bestandteile zerlegt. In einem Gastank ähnlich dem Flüssiggas wird der Wasserstoff für die Nacht oder den Winter vorgehalten (Abb. 5.29).

Abb. 5.28: Dieses kleine Kraftpaket liefert kaum Abwärme, jedoch sauberen Strom. Es eignet sich sehr gut für Einfamilienhäuser und wird mit Erdgas betrieben. (Foto: Jürgen Hohnen)

Abb. 5.29: Dieses Kompaktgerät nutzt überschüssigen Sonnenstrom, um im Sommer Wasserstoff aus Wasser zu erzeugen. Im Winter bedient sich die Brennstoffzelle aus einem Sicherheitstank (330 bar), um das Wohngebäude autark zu versorgen.
(Quelle: HomePowerSolutions (HPS))

Sinnvoll ist es, Photovoltaik und Brennstoffzellen über eine Pufferbatterie zu verschalten. Sie übernimmt den Nachtstrom des Gebäudes. Die Brennstoffzelle springt erst ein, wenn der Sonnenstrom vom Dach nicht mehr ausreicht, um die Batterie am Tag neu zu füllen.

Das können aber nicht alle Brennstoffzellen. Einige Systeme müssen das ganze Jahr durchlaufen, weil sie nicht ohne Probleme starten oder abschalten können. Andere Aggregate können durchaus takten, also bei Bedarf einspringen. Bisher sind die meisten am Markt verfügbaren Systeme als Langläufer konzipiert. Steigt der Strombedarf im Sommer – etwa aufgrund von Kühlbedarf – kommt die Photovoltaik hinzu. Gut geeignet sind solche Kombisysteme für die Hotellerie und Kleingewerbe, deren Nutzerprofile saisonal stark schwanken.

Mit der Brennstoffzelle wird es möglich, die am Gebäude andockenden Elektrofahrzeuge sowie elektrische Heizgeräte direkt zu versorgen – wenn keine Sonne scheint. Nach der Photovoltaik wird die Brennstoffzelle einen starken Schub zur Elektrifizierung der Wärmeversorgung und des Individualverkehrs auslösen, indem sie ausreichend Strom in den sonnenarmen Monaten liefert. Hier schließt sich der Kreis zur Sektorkopplung (Abb. 5.30).

Zwei Technologien dominieren den Markt: Bei der Festoxid-Brennstoffzelle (Solid Oxide Fuel Cell, SOFC) besteht der Elektrolyt im Stack aus einer hauchfeinen Keramikschicht, die Sauerstoffionen leiten kann, aber Elektronen sperrt. Die SOFC brauchen Betriebstemperaturen von 650 bis 1000 °C. Das bedeutet, sie geben relativ hohe Temperaturen ab. Und sie brauchen eine gewisse Zeit, um auf Betriebstemperatur zu kommen. Also sollten sie möglichst durchgängig laufen.

Dagegen arbeiten die Brennstoffzellen mit Protonenaustauschmembran (Proton Exchange Membrane, PEM) mit Kunststoffmembranen (Ionomer), die für Protonen (Wasserstoffionen) durchlässig, für Gase (Sauerstoff) jedoch gesperrt sind. Sie brauchen nur rund 80 °C als Betriebstemperatur, sind demnach besser für Start-Stopp-Betrieb geeignet.

Abb. 5.30: Einbausituation eines Brennstoffzellen-Heizgeräts, das neben der Haustechnik auch das Elektrofahrzeug des Nutzers betankt (Quelle: Viessmann Werke)

Mitte 2017 kamen die ersten Prototypen von neuen PEM-Kompaktgeräten auf den Markt, die Brennstoffzelle, Wasserstoffspeicher (extern aufgestellt), Speicherbatterie und Lüftungsanlage integrieren. Mittlerweile sind diese Systeme eingeführt und haben sich mannigfaltig bewährt. Die Abwärme dieser Systeme ist sehr gering, sie entspricht dem Heizwärmebedarf moderner Wohngebäude. Bei Bedarf lässt sich ohnehin elektrisch nachheizen. Solche Kompaktgeräte können sogar ohne Anschluss zum Stromnetz laufen. Auf diese Weise wird das Haus zur selbstversorgenden Insel, wirkliche Autarkie möglich.

Die Brennstoffzelle unterliegt den Anschlussvorschriften elektrischer Betriebstechnik in der Niederspannung, wie die motorbetriebenen BHKW, die Photovoltaik und die Stromspeicher. Deshalb eröffnet sich für Elektrohandwerker und Solarteure ein neues Standbein, um ihren Kunden die komplette Vollversorgung durch die Haustechnik anzubieten.

Bislang scheinen solche Systeme noch teuer, denn sie kosten durchaus 25 000 bis 30 000 Euro (inklusive Installation). Rechnet man aber ein, wie viel Stromkauf man sparen kann – auch für das Elektroauto –, wird eine Amortisation innerhalb von 7 bis 8 Jahren möglich.

5.3 Wärme aus dem Erdreich

Ein wichtiger Energielieferant ist das Erdreich, unter dem Wohngebäude oder in seinem Umfeld. Allerdings bietet Erdreich lediglich Wärme an, keinen elektrischen Strom. Man spricht von Erdwärme, die mithilfe von Wärmepumpen genutzt wird. Wärmepumpen können Wärme für Warmwasser und Raumheizung erzeugen. Der Grundprozess ist der gleiche: Aus einer Wärmequelle wird mittels

Sole eine bestimmte Temperatur gezogen. Diese Temperatur reicht aus, um im Arbeitskreis der Wärmepumpe ein flüchtiges Kältemittel zu verdampfen. Das sind Fluorkohlenwasserstoffe, die wie in einem Kühlschrank bei wenigen Grad Celsius verdampfen. Sehr viel Energie geht bei der Wandlung der flüssigen Phase in das Gas über. Das Arbeitsgas wird nun von einem elektrischen Verdichter komprimiert. Das Prinzip ist von der Luftpumpe bekannt: Beim Druckanstieg erhöht sich auch die Temperatur. Ein Wärmetauscher gibt die Wärme an den Ladekreis des Pufferspeichers ab (Abb. 5.31 und Abb. 5.32). Das erkaltete Kältemittel kondensiert und wird über eine Trockenpatrone und ein Entspannungsventil in den Verdampfer zurückgeführt. Der Arbeitskreis ist geschlossen, er beginnt von vorn.

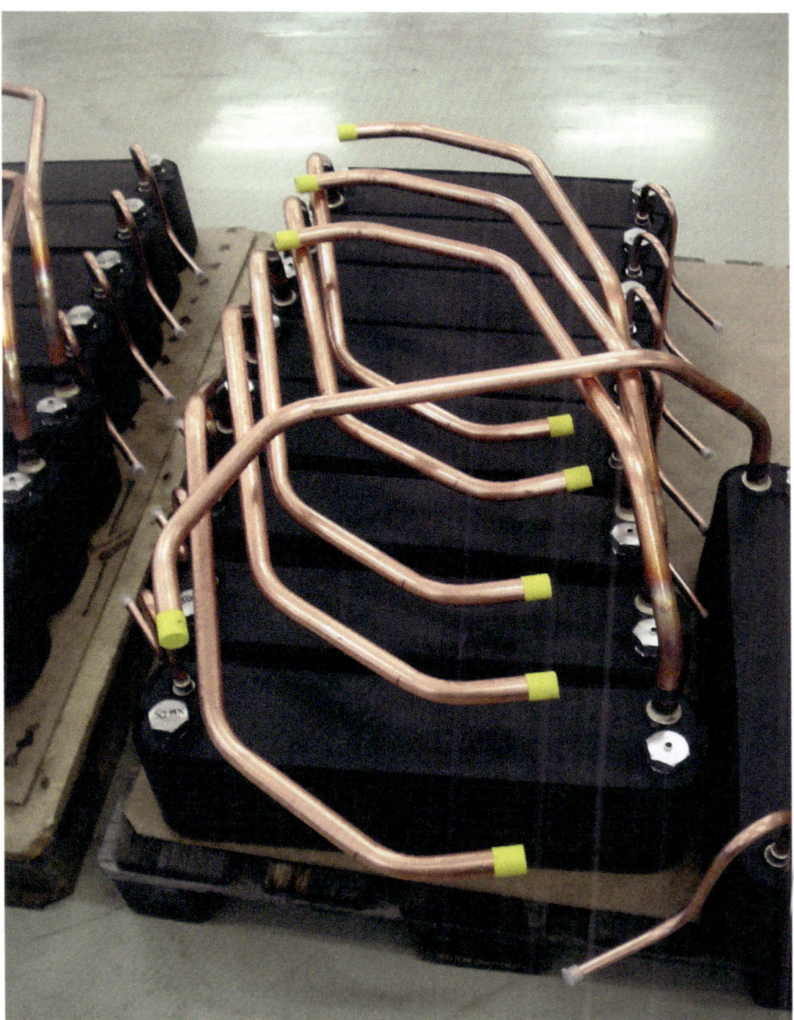

Abb. 5.31: Gedämmte Plattenwärmetauscher für Wärmepumpen und Frischwasserstationen, kurz vor der Montage

Abb. 5.32: Plattenwärmetauscher ohne Dämmschalen

Gute Wärmepumpen können problemlos 55 oder 60 °C bereitstellen. Da sie keine Brenner und Flammen haben, brauchen sie mehr Zeit und unbedingt einen thermischen Pufferspeicher, um ausreichend Wärme zu erzeugen. Heizungswärmepumpen, die das Erdreich als Wärmequelle nutzen, bezeichnet man als Erdwärmepumpen. An dieser Stelle betrachten wir nur elektrisch betriebene Aggregate. Gasbetriebene Wärmepumpen sind der industriellen Anwendung und Spezialfällen vorbehalten.

1. Wärmepumpen brauchen elektrischen Strom.
2. Sie brauchen eine geeignete Wärmequelle.
3. Sie haben keinen Brenner. Also erzeugen sie keine Abgase. Dafür benötigen sie mehr Zeit, um einen Pufferspeicher zu beladen.
4. Sie sind kompakt, meist nicht größer als ein Kühlschrank. Besonderes Augenmerk erfordert die Wärmequellenanlage, um die thermischen Potenziale im Erdreich zu erschließen.

5.3.1 COP und JAZ

Die Effizienz einer Wärmepumpe ist davon abhängig, wie viel Strom der Verdichter ziehen muss, um möglichst viel kostenlose Erdwärme zu nutzen (Abb. 5.33). Ein wichtiger Parameter ist der COP (Coefficient of Performance). Er gibt an, wie viel Wärme das Aggregat pro Kilowattstunde

Antriebsstrom erzeugt, inklusive der Hilfsenergien zum Abtauen und der Pumpen für die Erdwärmeförderung und die Beladung des Speichers. Der COP wird gemäß DIN EN 14511 gemessen. Es handelt sich um einen Maschinenwert, als Ergebnis von Tests auf dem Prüfstand.

Interessanter ist die Jahresarbeitszahl, kurz JAZ (Beta). Sie wird nach VDI 4650 ermittelt. Die JAZ legt ein Betriebsjahr zugrunde und schließt die Heiztechnik im Gebäude ein, also Pufferspeicher, Heizflächen, Heizkörper und Umwälzpumpen (elektrische Hilfsenergie). Man ermittelt sie aus der Strommenge (in kWh) am Stromzähler der Wärmepumpe und am Wärmemengenzähler (kWh) der Heizanlage, gemessen über ein Jahr. Beide Messgeräte werden in den Richtlinien der Förderprogramme für Wärmepumpen vorgeschrieben. Ein guter Planer und Installateur baut sie ohnehin ein, um den Betrieb der Anlage genau überprüfen zu können. Nicht nur der Strom des Verdichters in der Wärmepumpe ist zu erfassen, sondern auch der Strom für die Pumpen, die die Sole aus dem Erdreich heben. Wer am Erdwärmetauscher spart, zahlt unter Umständen drauf, weil die Umwälzpumpe im Solekreis ununterbrochen laufen muss. Dadurch steigt ihr Strombedarf, die Wirtschaftlichkeit der Anlage sinkt.

Generell gilt: Je weniger Hilfsenergie man einsetzen muss, umso effizienter arbeitet die Maschine. Erdgeführte Wärmepumpen, die mehr als 25 % elektrischen Strom (JAZ = 4,0) benötigen, sind nicht effektiv (Abb. 5.34).

Abb. 5.33: Scroll-Verdichter für Wärmepumpen: Mittlerweile gibt es auch modulierende Systeme, deren Verdichter ihre Drehzahl je nach Lastanforderung der Pumpe regeln. Das erhöht die Effizienz.

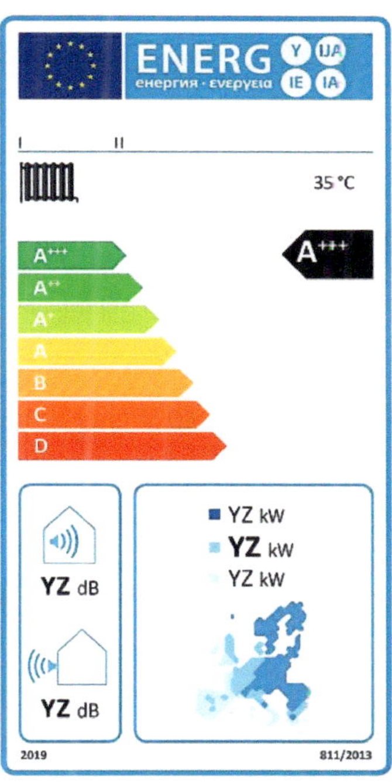

Abb. 5.34: Das Energielabel gilt auch für Wärmepumpen. Die Hersteller müssen die Effizienz nachweisen.

Von Bedeutung ist auch die Jahresaufwandszahl. Sie gibt an, wie groß der elektrische Aufwand im Verhältnis zum thermischen Nutzen ist. Sie ist der Kehrwert der Jahresarbeitszahl.

5.3.2 Typisierung von Wärmepumpen

Die Wärmepumpe ist das Herzstück einer wärmetechnischen Anlage, die das Erdreich und die darin gespeicherte Wärme nutzt. In der Regel wird die Erdwärme durch einen Solekreis an den Verdampfer der Wärmepumpe gebracht. Um die Wärmepumpe wirtschaftlich in die Haustechnik einzubinden, gelten einige Grundregeln:

1. Die Differenz der Temperaturen im Erdreich und der gewünschten Temperaturen im Gebäude sollte möglichst gering sein. Dann sinkt der Arbeitsaufwand für den elektrischen Verdichter. Die Jahresarbeitszahl und die Wirtschaftlichkeit steigen.
2. Die beste Wärmepumpe taugt nichts, wenn die Erdwärme schlampig oder unzureichend erschlossen wird.
3. Wärmepumpen erfordern, den tatsächlichen Wärmebedarf im Gebäude genau zu ermitteln. Sonst ist die Anlage schnell zu klein gebaut oder überdimensioniert.
4. Wärmepumpen lassen sich gut mit Solarthermie oder anderen bivalenten Wärmeerzeugern kombinieren. Als Antriebsstrom kommen in erster Linie Sonnenstrom oder Windstrom in Betracht, bevor das Stromnetz benötigt wird.

Die Wärmepumpen gibt es in vielen Bautypen, unterteilt in viele Leistungsklassen. Die Klassifizierung erfolgt nach DIN EN 14511. Zunächst wird die Jahresmitteltemperatur der Wärmequelle bzw. des Wärmeträgermediums definiert. Ebenso wird die Temperatur in den Heizkreisen mit einem Mittelwert beschrieben. Flächenheizsysteme brauchen 35 °C, Warmwasser zwischen 50 und 55 °C. Außerdem werden die Wärmeträgermedien benannt: S steht für Sole (erdgekoppelte Wärmepumpen), L für Luft (als Wärmequelle und Wärmeträger in der Wärmenutzung, beispielsweise in Lüftungssystemen) und W für Wasser (Grundwasser als Wärmequelle und als Heizwasser im Heizkreis). Ein Beispiel: S0/W40 kennzeichnet eine Sole-Wasser-Maschine mit 0 °C aus der Wärmequelle und 40 °C im Heizungsvorlauf. Diese Typisierungen sind gebräuchlich:

- W10/W35: Wärmequelle Wasser mit 10 °C, Heizwasser mit 35 °C (Wasser-Wasser-Wärmepumpe für Flächenheizung),
- S0/W35: Wärmequelle Erde/Sole mit 0 °C, Heizwasser mit 35 °C (Sole-Wasser-Wärmepumpe für Flächenheizung),
- L2/W55: Wärmequelle Luft mit 2 °C, Heizwasser mit 55 °C (Luft-Wasser-Maschine für Warmwasser oder Heizkörper, etwa im Gebäudebestand).

Nutzt man Grundwasser oder die Umgebungsluft als Wärmequelle, fungiert das Quellenmedium zugleich als Trägermedium für die Wärme zum Kältekreis. Für Erdwärme wird eine spezielle Sole benötigt, die Wärme aus dem Boden zieht und zum Kältekreis bringt.

5.3.3 Antriebsstrom für Wärmepumpen

Wärmepumpen werden in der Regel problemlos an die öffentlichen Stromnetze angeschlossen. Der Lastanschluss von Heizungswärmepumpen erfolgt grundsätzlich durch dreiphasigen Drehstrom, abgesichert mit einem Leitungsschutzautomaten (LS). Die drei Leitungsschutzschalter sind an den Kippschaltern mit einem Gerätebügel versehen, um bei Ausfall einer Phase die anderen Phasen spannungsfrei zu schalten. Somit bleibt der Kompressor stehen, bevor er Schaden nimmt, weil er nicht von drei Phasen versorgt wird. Ein Betrieb mit zwei Phasen ist technisch unzulässig und zu vermeiden. Beim Einschalten des Verdichters (Abb. 5.35) fließt in der Motorzuleitung ein vielfach höherer Strom als im Normalbetrieb (Anlaufspitze). Stromkreise mit Motoren brauchen deshalb spezielle Leitungsschutzschalter. Zudem muss die Absicherung über einen vierphasigen Fehlerstromschalter erfolgen, da sämtliche VDI-Richtlinien zum Anschluss elektrischer Maschinen auch für Wärmepumpen gelten. Für die FI-Automaten sollte ein Ansprechfehlerstrom von 0,03 A (Feuchtraum) genügen.

Abb. 5.35: Ist der Scroll-Verdichter korrekt angeschlossen, wird er im Probebetrieb handwarm. Der richtige Anschluss lässt sich also leicht überprüfen.

Auf Anschluss des Schutzleiters ist zu achten, ebenso auf die Erdung abgeschirmter Kabel und die vollständige Erdung des Gehäuses. Überdies sind sämtliche Rohre der Heizungs- und Sanitärtechnik an den Potenzialausgleich anzuschließen (Abb. 5.36).

Abb. 5.36: Die hydraulische Verrohrung der Wärmepumpen erfordert einen hohen Einsatz an Kupfer. Damit hängt diese Technik stark an den Metallpreisen.

Wichtig ist es, sowohl den Anschluss für den Verdichter als auch die Anschlüsse für die Pumpen messtechnisch zu erfassen. Der Einbau von Stromzählern – wie übrigens Wärmemengenzähler auf der Wärmenutzungsseite – erlauben die detaillierte Fehleranalyse und zeigen im Betrieb weitere Potenziale zur Optimierung auf. Wer staatliche Förderung aus dem Marktanreizprogramm in Anspruch nehmen will, muss mindestens einen Wärmemengenzähler und einen Stromzähler (Verdichterantrieb) einbauen.

Für die Wirtschaftlichkeit von Wärmepumpenanlagen ist natürlich der geltende Stromtarif von Bedeutung. Einige Energieversorger bieten für Wärmepumpen einen niedrigeren Abrechnungstarif pro Kilowattstunde (kWh) als für normalen Haushaltsstrom. Dies gilt sowohl für den Hochtarif (HT) als auch für den Niedrigtarif (NT). Allerdings ist dafür ein separater Stromzähler notwendig, der im Zählerschrank eine zusätzliche Zählerplatzeinheit benötigt. Auch fallen Bereitstellungskosten als Grundpreis an. Der Energieversorger hat bei den Sondertarifen das Recht, eine Sperrzeit für den Kompressorantrieb zu schalten, die durch das Freischaltrelais des Energieversorgers gesteuert wird. Die maximale Dauer ist so gewählt, dass die Wärmeversorgung durch die Wärmepumpe nicht gefährdet ist. In jedem Fall wird ein Pufferspeicher benötigt.

Eine richtig ausgelegte und installierte Wärmepumpenanlage kommt mit einem Minimum an Betriebsstrom aus (Abb. 5.37). Natürlich wird sie ausschließlich mit Ökostrom betrieben. Das kann im Sommer der Sonnenstrom vom Dach sein, im Winter die Windkraft aus dem Netz.

Abb. 5.37: Solche Elektroheizstäbe oder Heizschwerter werden zugeschaltet, wenn die Wärmepumpe an die Grenze ihrer Leistungsfähigkeit gelangt. Die Heizwendeln stecken im Pufferspeicher, sie werden an den Anschlussflanschen des Speichers eingesetzt. Über solche Heizstäbe kann man auch überschüssigen Sonnenstrom nutzen, um Wärme zu erzeugen.

5.3.4 Erdwärme vom Grundstück

Nirgends bietet die Natur mehr kostenlose Wärme an als in der Erde (abgesehen von der Sonnenwärme auf dem Dach). Das Erdreich wirkt als Wärmespeicher für die Energie der Sonne, die durch Strahlung oder Niederschläge in den Boden eingebracht wird. In den oberen Bodenschichten überwiegt der saisonale Eintrag der Sonnenwärme. In tieferen Arealen macht sich der Wärmestrom aus dem Erdinneren bemerkbar. Die saisonale Schwankung im Boden hört bei ungefähr 15 m Tiefe auf. Dort herrschen im Jahresverlauf konstant um 10 °C. Bei 100 m sind es 13 bis 15 °C. Danach steigt die Temperatur alle 100 m um etwa 3 K. Ab 400 m spricht man von Tiefengeothermie. Mit den handelsüblichen Wärmepumpen für Wohngebäude wird das Erdreich zwischen der Frostgrenze und etwa 100 m Bohrtiefe erschlossen.

Um die Erdwärme anzuzapfen, nutzt man in der Regel einen geschlossenen Solekreis. Der Erdwärmetauscher wird als flächiger Absorber unmittelbar unter der Oberfläche gebaut. Möglich sind tiefer reichende, vertikale Erdwärmesonden. Darüber hinaus gibt es sogenannte Energiekörbe, die wie verschlungene Tauchsieder in etwa 5 m Tiefe reichen (Abb. 5.38). Bekannt sind auch Kompaktabsorber oder Spiralerdwärmeabsorber. Gelegentlich werden Energiekörbe eingesetzt und Pfahlgründungen als Wärmequellenanlage ausgebildet. Die Vielfalt reicht bis hin zu natürlichen Wärmereservoirs. Oder man führt die Erdwärme in einem offenen Wasserkreis zur Wasser-Wasser-Wärmepumpe, beispielsweise um die Wärme im Grundwasser zu nutzen. Besser ist aber ein geschlossener Solekreis, an dem sich lediglich ein Wärmeübergang vollzieht. Möglicherweise ist der Aufwand etwas höher, aber ein solches Sole-Wasser-System ist besser gegen Korrosion und Verunreinigung geschützt als offene Systeme. Außerdem wird dem Untergrund kein Wasser entzogen. Der natürliche Stoffkreislauf bleibt unberührt.

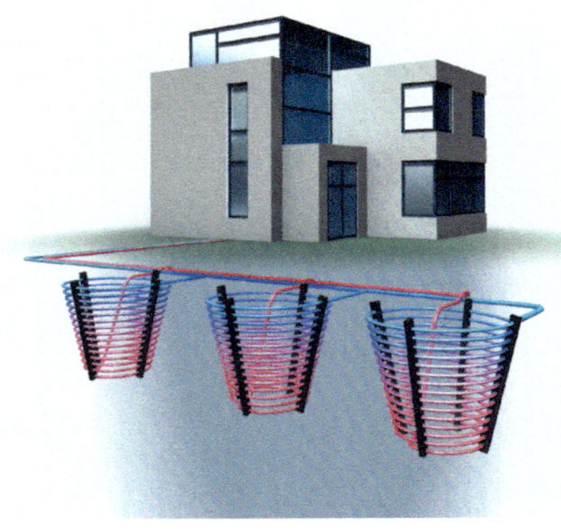

Abb. 5.38: Energiekörbe reichen nicht so tief wie die Erdsonden, etwa 5 m Aushub genügen. (Quelle: Uponor)

Grundsätzlich gilt: Wer ins Erdreich oder Grundwasser eingreift, braucht eine Genehmigung. Die zentrale Richtlinie für die Nutzung von Erdwärme ist die VDI 4640 Thermische Nutzung des Untergrunds. Sie besteht aus sechs Teilen:

- Blatt 1: Grundlagen, Genehmigungen, Umweltaspekte
- Blatt 2: Erdgekoppelte Wärmepumpenanlagen
- Blatt 3: Unterirdische thermische Energiespeicher
- Blatt 4: Direkte Nutzungen
- Blatt 5: Thermal Response Test (TRT)
- Blatt 6: Baustoffe zum Verfüllen von Erdwärmesonden - Bohrungen

5.3.4.1 Wärme aus dem oberflächennahen Untergrund

Wer dem Erdreich Wärme entziehen will, muss dafür sorgen, dass es sich ausreichend regenerieren kann. Das ist das Ziel der fachgerechten Auslegung einer Absorberanlage zum Anschluss an den Verdampfer der Wärmepumpe. Die Grundlagen, Genehmigungen und die Umweltaspekte bei der Nutzung von Erdwärme sind in der VDI 4640 Blatt 1 erfasst.

Speziell für den Flächenerdwärmeabsorber schreibt die VDI 4640 ein bestimmtes Verfahren zur Auslegung vor. Dieser Bautyp nutzt Wärmepotenziale unmittelbar unter der Frostgrenze in horizontaler Bauart. Jeder halbwegs versierte Handwerker kann ihn installieren, sodass man gegebenenfalls auf spezialisierte Gewerke verzichten kann. Ein weiterer Vorteil: Im Unterschied zur tief reichenden Bohrsonde ist für einen Flächenerdwärmeabsorber keine Genehmigung notwendig, sondern lediglich eine Anmeldung im Rahmen der Baugenehmigung für den Neubau oder die Modernisierung.

Allerdings gibt es gravierende Nachteile, die unter Umständen gegen einen Flächenerdwärmeabsorber sprechen. Seine Fläche darf nicht überbaut oder versiegelt werden (Abb. 5.39). Andernfalls kann sich das Erdreich im Sommer nicht thermisch erholen. Nicht selten wird während der Heizperiode so viel Wärme aus dem Erdreich gezogen, dass sich die Temperatur der Sole dem

Gefrierpunkt nähert. Deshalb wurde in der VDI 4640 eine mittlere Wärmequellentemperatur von 0 °C eingeführt, die als Bezugsgröße für die Entzugsleistung dient. Wichtig auch: Die Richtlinie gibt für die verschiedenen Böden nur Empfehlungen an. Man sollte sich also stets an den schlechteren Entzugswerten orientieren, um später im Betrieb keine bösen Überraschungen zu erleben. Wer einen Flächenabsorber aus Gründen eines zu kleinen Grundstücks oder zu hoher Investitionen kastriert, zahlt später bei den Stromkosten der Wärmepumpe ordentlich drauf. Einen kurzen Überblick aus der VDI 4640 zeigt Tabelle 5.1; die Entzugsleistung wird in Watt je Quadratmeter Kollektorfläche angegeben:

Tabelle 5.1: Spezifische Entzugsleistung für Flächenerdwärmeabsorber

Untergrund	Spezifische Entzugsleistung nach Betriebsstunden	
	1800 h	2400 h
Trockener, nicht bindiger Boden	10 W/m2	8 W/m2
Bindiger Boden, feucht	20 bis 30 W/m2	16 bis 24 W/m2
Wassergesättigter Sand / Kies	40 W/m2	32 W/m2

Abb. 5.39: Großflächiger Erdabsorber für erdgekoppelte Wärmepumpen. Er darf nicht überbaut werden und benötigt ein entsprechend ausgedehntes Grundstück. (Quelle: Uponor)

Je geringer der Entzug pro Quadratmeter, desto besser kann sich die Wärmequelle auf natürliche Weise erneuern. Je höher der Entzug, desto schwieriger wird es, eine konstante Wärmequellentemperatur zu erreichen und sie über 0 °C zu halten. Auf die Auslegung eines Flächenerdwärmeabsorbers soll an dieser Stelle nicht weiter eingegangen werden.

Zwei Dinge sind für den Betreiber wichtig: Wird ein Flächenerdwärmeabsorber errichtet, fallen große Mengen Erdaushub an. Für einen 325 m^2 großen Absorber (ca. 8 kW Nennwärmeleistung der Wärmepumpe), der in etwa 1,5 m Tiefe verlegt wird, kommen schnell 550 m^3 zusammen. Sie müssen so lange gelagert werden, bis die Absorberschleifen fertig montiert wurden und die Anlage wieder mit Erde verfüllt werden kann. Ein entsprechend großes Grundstück ist notwendig. Deshalb sind diesem Absorbertyp Grenzen gesetzt: Größere Gebäude erfordern ungleich größere Entzugsleistungen, sprich Absorberflächen. Allerdings: In der Versorgung von Sonderbauten oder besonderen Liegenschaften, wie Reiterhöfe, Zoologische Gärten, Sporthotels mit Skipiste oder Eissporthallen, schlummern noch erhebliche Potenziale.

Der Flächenerdwärmeabsorber wird aus PE-Rohr hergestellt und in Schleifen im Erdreich verlegt, unterhalb der Frostgrenze. Zwischen den Schleifen sind Mindestabstände (Verlegeabstände) einzuhalten. Die zirkulierende Sole wird über einen Soleverteiler angeschlossen und gelangt von dort zur Wärmepumpe. Wichtig ist es, die Absorberrohre vollständig in Sand oder feinen Mutterboden einzubetten, um eine optimale Wärmeübertragung zu ermöglichen. Steine oder Erdbrocken können zu Lufteinschluss um das Absorberrohr führen und die Übertragung der Wärme behindern. Der Soleverteiler sollte aus Gründen der Wartung leicht zugänglich sein, etwa in einem Betonringschacht.

Sollten Bäume den Bau des Flächenabsorbers behindern oder lässt die Geometrie des Grundstücks nur wenig Spielraum, kann man sich mit sogenannten Grabenabsorbern helfen. Die Absorberrohre werden in einem Graben verlegt, der von einer 80 cm breiten Baggerschaufel ausgehoben wird. Der Vorlauf des Solekreises wird vom Soleverteiler in der einen Kante des Grabens fortgeführt, macht am Ende des Grabens eine Kehrtwende von 180° und wird entlang der anderen Kante zum Rücklauf des Soleverteilers zurückgeführt. Werden die Solekreise einzeln geprüft, kann der Graben mit dem Aushub des nächsten Grabens schon wieder verfüllt werden. Es sammelt sich nur wenig Aushub auf dem Grundstück an. Auch hier sollte jeder Solekreis etwa 100 laufende Meter betragen. Erfahrungen haben gezeigt, dass Grabenabsorber eine bessere Regeneration erreichen.

Sind die Absorberrohre vollständig verlegt und ausgerichtet, erfolgt die Druckprüfung: Spülen der einzelnen Solekreise und der vollständigen Anlage über den Soleverteiler. Als Prüfdruck genügen in der Regel 5 bar. Die Dichtigkeitsprüfung ist wie üblich durchzuführen und zu dokumentieren. Anschließend ist die Sole (Mischung aus Wasser und Glykol) herzustellen und in das System einzubringen. Die Absorberrohre werden mit Sand bedeckt, um ihre vollflächige Umschließung zu gewährleisten. Erst wenn alle Absorberrohre bedeckt sind, kann die Fläche mit dem Aushub verfüllt werden. Wichtig ist die fachgerechte Verdichtung des Erdreichs, damit der Garten später nicht absinkt.

5.3.4.2 Tiefer reichende Sonden

Erdwärmesonden holen die Wärme aus Tiefen unterhalb der neutralen Zone (Abb. 5.40 und Abb. 5.41). Ihre Entzugsleistung ist nicht vom Wärmeeintrag durch Niederschlag und Sonneneinstrahlung abhängig. Deshalb kann man sie überbauen. Die meisten Erdwärmesonden werden als Doppel-U-Rohrsonden ausgeführt. Sie bestehen aus je zwei Solekreisen, die unterhalb der Frostgrenze in horizontaler Leitungsführung zu einem Solevorlauf und einem Solerücklauf über sogenannte Y-Stücke zusammenlaufen. Die PE-Rohre sind zu schweißen und ebenso in Sand einzubetten, wie die Absorberrohre des Flächenerdwärmeabsorbers. Die zusammengeführten Solekreise werden am Soleverteiler angeschlossen. Pro Erdwärmesonde sind ein Verteiler- und ein Sammleranschluss notwendig, obgleich es sich um zwei Solekreise handelt. In der Regel werden die Sonden gleich tief ausgeführt. Wenn sich aber große Abstände der Sonden vom Verteilerschacht ergeben, da dieser nicht zentral positioniert werden konnte, sollte die dem Verteiler am nächsten liegende Sonde die tiefste sein. Die am weitesten entfernte Sonde sollte die kürzeste sein. Was zählt, ist die Aufteilung von gleichen Rohrinhalten und Volumenströmen auf jede einzelne Sonde, um einen gleichmäßigen Wärmeübergang zu ermöglichen. Ist diese ausgewogen, kann der hydraulische Abgleich am Soleverteiler überflüssig sein.

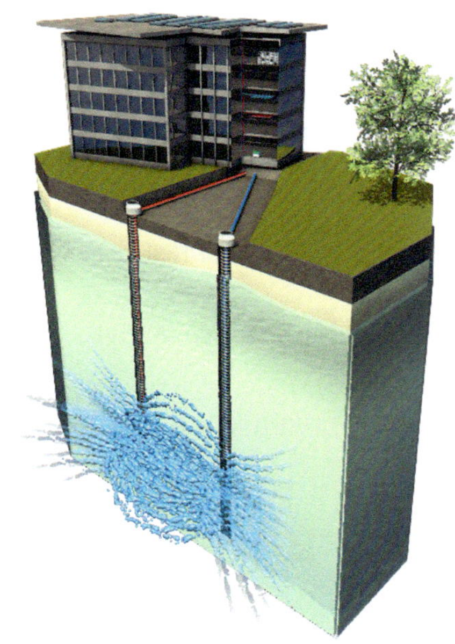

Abb. 5.40: Sogenannte Zwillingssonde für die städtische Bebauung, wo in der Regel nur wenig Fläche für Erdsonden vorhanden ist (Quelle: Geo-EN)

Abb. 5.41: Bauweise der Wärmequelle als Koaxialsonde, eine weitere Sonderbauform der tief reichenden Erdsonden (Quelle: Geo-EN)

Auch dürfen die einzelnen Sonden nicht zu nah aneinander positioniert sein, um sich nicht gegenseitig die Wärme zu stehlen. Der Abstand zwischen zwei Sonden sollte mindestens 10 % der Sondentiefe betragen. Durch Verpressmaterial werden die Hohlräume zwischen Sondenrohren und Bohrloch vollständig ausgefüllt.

Die Herstellung einer Erdwärmesondenanlage darf nur durch einen qualifizierten und zugelassenen Bohrunternehmer erfolgen, der nach DVGW-Arbeitsblatt W 120 zertifiziert ist. Es ist ratsam, ortskundige Unternehmen zu beauftragen, die den Untergrund gut kennen. Hilfreich für die Bauherren von Erdsondenanlagen ist das D-A-CH-Gütesiegel. Es steht für „geprüfte Erdsondenqualität" und stellt besondere Anforderungen an die Bohrunternehmer, die dieses Zertifikat tragen dürfen. Notwendig ist zudem ein Genehmigungsverfahren bei den örtlichen

Behörden (Abb. 5.42). Dafür sind die Planungsunterlagen der Erdwärmesondenanlage einzureichen, inklusive des zu erwartenden Schichtenprofils, Ausbauvorschlägen in zeichnerischer Form mit Schichtenverhältnissen im Untergrund, Positionierung der Erdwärmesonden, Unbedenklichkeitsnachweis des Verpressungsmaterials und des Glykols sowie leistungsbezogener Angaben zur Wärmepumpenanlage und Herstellererklärungen. Nach Prüfung durch einen Sachverständigen wird die Genehmigung mit entsprechenden Auflagen zur Durchführung erteilt. Die Behörde hat das Recht, die Bohrstelle zu kontrollieren. Nach Abschluss der Arbeiten erhält sie einen Bericht. Das Verfahren berührt folgende Gesetze und Verordnungen:

- Bundesberggesetz (BBergG),
- Wasserhaushaltsgesetz (WHG),
- Wassergesetze der Länder (WG),
- Verordnungen zum Schutz von Anlagen zur Gewinnung von Trink- und Heilwasser, beispielsweise Trinkwasserverordnung (TrinkwV),
- Richtlinien für Heilquellenschutzgebiete der LAWA,
- Merkblatt für die Erteilung von Ausnahmezulassungen in Wasser- und Heilquellenschutzgebieten,
- Verordnung über Anlagen zum Umgang mit wassergefährdenden Stoffen (AwSV),
- Leitfaden Erdwärmenutzung der jeweiligen Bundesländer,
- Technische Regelwerke (DIN-Normen, DVGW-Regelwerke, VDI-Richtlinien).

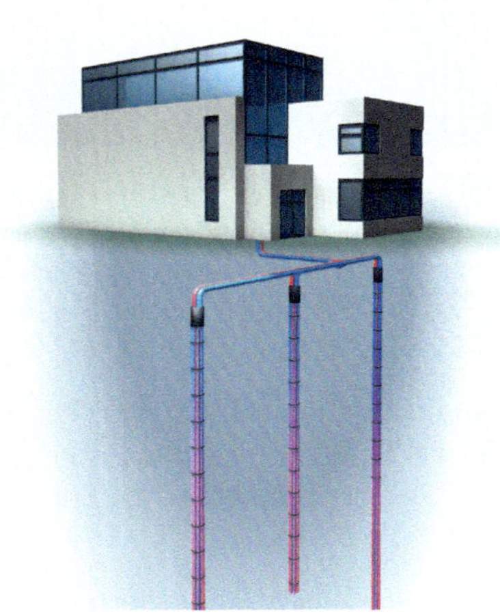

Abb. 5.42: Tiefgehende Bohrsonden erlauben sehr hohe Entzugsleistungen, allerdings sind Bohrungen sehr teuer; für diese Bauweise benötigt man Gutachten und Genehmigungen (Quelle: Uponor)

Die zuständige Behörde ist in der Regel das Landratsamt, das die Antragsunterlagen auf Vollständigkeit prüft und zur hydrogeologischen Begutachtung an das zuständige Wasserwirtschaftsamt weiterleitet. Der Antrag besteht aus einem Formular und einem Anhang. Da die Antragsstellung einer Vorplanung bedarf, die durch den Bohrunternehmer zu erstellen ist, sollte er den Antrag vorbereiten. Unterschreiben muss ihn der Bauherr. Der Antrag beinhaltet Angaben zur Baustelle, zu den Bohrungen, zu den Sonden und zur Wärmepumpe. Es ist zu beachten, dass der Amtsweg einige Zeit in Anspruch nimmt, bevor mit der Bohrung tatsächlich begonnen werden darf.

Wenn die Genehmigung vorliegt und der Bohrunternehmer den Auftrag ausführen darf, muss das Leistungsverzeichnis die notwendige Entzugsleistung in Kilowatt einfordern, unabhängig von der Tiefe und Anzahl der Sonden. Der Bohrunternehmer ist für die Dichtheit und Funktion der Erdsondenanlage verantwortlich. Der Soleverteiler markiert die Schnittstelle zum Heizungsbauer. Die Erdsondenanlage wird nach der Entzugsleistung in Watt je Meter Bohrtiefe ausgelegt. Tabelle 5.2 zeigt gemäß VDI 4640 einen kurzen Überblick.

Tabelle 5.2: Spezifische Entzugsleistung von Erdsondenanlagen

Untergrund	Spezifische Entzugsleistung nach Betriebsstunden	
	1800 h	2400 h
Schlechter Untergrund, trockenes Sediment	25 W/m	20 W/m
Normaler Festgesteinsuntergrund und wassergesättigtes Sediment	60 W/m	50 W/m
Festgestein mit hoher Wärmeleitfähigkeit	84 W/m	70 W/m

Wie bei jeder Wärmequellenanlage kommt eine großzügige Auslegung immer dem Gesamtsystem zugute. Für die überschlägige Ermittlung der Sondenlänge kann man 40 bis 50 W/m annehmen. Bei wechselnden Schichten variiert der mögliche Wärmeentzug unter Umständen sehr. Die tatsächliche Entzugsleistung ist über ein zu erwartendes Schichtenprofil zu ermitteln. Grundsätzlich gilt, dass steiniger Untergrund eine bessere Wärmespeicherkapazität besitzt als Erdreich. Natürlich spielen auch wasserführende Schichten und die Wärmeleitfähigkeit verschiedener Materialien im Untergrund eine Rolle. In einigen Regionen in Deutschland gibt es Risiken aus der Hinterlassenschaft des Bergbaus, die man beachten muss.

5.3.4.3 Wärme aus dem Grundwasser

Neben der Wärme aus festem Erdreich kann man auch das thermische Potenzial von Grundwasser oder Oberflächenwasser (Seen, Flüsse) nutzen. Hier soll nur Grundwasser behandelt werden. Der wichtigste Unterschied zu einer Soleanlage für Erdwärme liegt darin, dass Wärmequelle und Wärmeträgermedium identisch sein können.

Wer Grundwasser nutzten will, muss eine Wasserader anzapfen und das Wasser zum Verdampfer leiten, damit es seine Wärme (im Jahresverlauf konstant 8 bis 12 °C) an das Kältemittel der Wärmepumpe abgibt. Es gelten die wasserrechtlichen Vorgaben und strengen Auflagen zum Schutz des Grundwassers.

Die Wärmequellenanlage besteht aus einem Förderbrunnen mit der Förderleitung, einer Förderpumpe für das Grundwasser, Schutzfiltern in der Förderleitung, Absperreinrichtungen und dem Schluckbrunnen mit der Schluckleitung. Meist handelt es sich um ein offenes System. Die erforderliche Grundwassermenge wird unmittelbar nach dem Wärmeentzug am Verdampfer wieder ins Erdreich zurückgeführt. Man braucht einen Förderbrunnen und einen Schluckbrunnen, beides sind aufwändige Bauteile. Aber: Grundwasser als Wärmequelle verspricht eine hohe Jahresarbeitszahl, weil die Temperatur von konstant 10 °C (Auslegungstemperatur) ideal für eine Wärmepumpe ist. Um eine solche Anlage zu planen, muss man sich genaue Informationen über die örtlichen Bedingungen verschaffen:

- Einschätzung und Prüfung der Geologie,
- maximale Tiefe der zu nutzenden Grundwasserader,
- Probebohrung und Messung der Wassergeschwindigkeit,
- Volumenermittlung entsprechend der notwendigen Entzugsleistung,
- Wasserprobe zur Feststellung der Wasserqualität.

Dieser Aufwand ist mit Kosten verbunden. Erst danach kann man entscheiden, ob das Grundwasser als Wärmequelle in Frage kommt. Während der Probebohrung wird zum einen die genaue Tiefe des Brunnens ermittelt, um die notwendige Entzugsleistung zu erreichen. Zum anderen wird geprüft, ob die geförderte Menge schnell wieder ins Erdreich rückfließen kann. Die Schluckleistung des Schluckbrunnens muss man ebenso nachweisen. Außerdem ist die Wasserqualität zu prüfen. Dies dient dem Schutz des Wärmetauschers, denn offene Systeme beinhalten Sauerstoff, der in feuchter Umgebung aggressiv reagiert. Die Qualität des Grundwassers ist nicht immer konstant, niemand kann sie auf Jahre im Voraus prognostizieren. Um dieses Risiko zu minimieren, kann man zwischen den Förderbrunnen und die Wärmepumpe einen externen Wärmetauscher schalten. Er trennt beide Systeme und muss folglich über einen Solekreis mit der Wärmepumpe verbunden werden. Es ist eine wartungsfreundliche Ausführung (verschraubt) zu wählen, um den Wärmetauscher bei Bedarf (Reinigung) demontieren zu können. Allerdings wird Hilfsenergie für die Umwälzpumpe im Solekreis benötigt. Auch die Grundwasserpumpe braucht Strom als Hilfsenergie, die in die Wirtschaftlichkeit der Anlage einfließt.

Die Tiefe des Förderbrunnens richtet sich nach der gewünschten Förderleistung. Sie ist von der Nachfließgeschwindigkeit abhängig, die in Metern pro Sekunde gemessen wird. Daraus ermittelt man die Fördermenge in Kubikmetern je Stunde. Je flacher der Brunnen reicht, desto besser. Denn je höher das Grundwasser gefördert werden muss, desto mehr muss die Förderpumpe leisten.

Der Abstand zwischen Förder- und Schluckbrunnen sollte mindestens 5 m betragen. Ein „Kurzschluss" des Wasserstroms vom Schluckbrunnen zum Förderbrunnen ist unbedingt zu vermeiden. Würde der Förderbrunnen das kalte Grundwasser des Schluckbrunnens an den Verdampfer bringen, friert der Verdampfer ein. Deshalb muss man auch die Fließrichtung der wasserführenden Schichten prüfen. Für die beiden Brunnenleitungen werden in der Regel keine Verteiler oder Verteilerschächte benötigt, da sie direkt in das Gebäude zur Wärmepumpe in den Haustechnikraum führen. Die Rohrleitungen besonders im Förderbrunnen sollten beweglich (PE-Rohr) sein, um die Grundwasserförderpumpe bei Bedarf an einem Drahtseil hochziehen zu können.

Die Hauseinführung der Brunnenleitungen erfolgt im Erdreich unterhalb der Frostgrenze als Mauereinführung oder Fundamenteinführung, gut abgedichtet gegen drückendes Wasser. Im Innenbereich werden feste Rohrmaterialien verwendet, wie sie in der Wassertechnik üblich sind. Wichtig ist es, die Anschlussleitungen an der Wärmepumpe (wie grundsätzlich) schallentkoppelt herzustellen.

Mit gewisser Unsicherheit behaftet ist immer die Qualität des Grundwassers. So besteht das Risiko der Verockerung, also die Ablagerung von unlöslichen Eisen- und Manganverbindungen im Grundwasser. Verockerung droht, wenn Sauerstoff ins Grundwasser gerät, beispielsweise bei der Wiedereinleitung in den Sickerschacht. Deshalb muss das Wiedereinleitungsrohr im Sickerschacht bis ins Grundwasser reichen.

Der direkte Kontakt des Verdampfers mit Grundwasser birgt das Risiko der Korrosion, je nach Beschaffenheit des Wassers. Tabelle 5.3 gibt Anhaltswerte über die benötigte Qualität von Grundwasser (Inhaltsstoffe).

Tabelle 5.3: Einfluss der Qualität des Grundwassers auf den Verdampfer

	Grenzwert	Bemerkung
Partikeldurchmesser	< 1 mm	Ablagerungen im Wärmetauscher
Temperatur	< 20 °C	
pH-Wert	6,5 bis 9	mögliche Korrosion von Edelstahl bei zu hohen Anteilen (saures Wasser)
Sauerstoff (O_2)	< 2 mg/l	
Leitfähigkeit	< 500 µS/cm	
Gesamthärte	> 4° dH < 8,5° dH	
Eisen (Fe)	< 2 mg/l	führt in Verbindung mit Sauerstoff zur Verockerung des Schluckbrunnens
Mangan (Mn)	< 1mg/l	führt in Verbindung mit Sauerstoff zur Verockerung des Schluckbrunnens
Aluminium (Al)	< 0,2 mg/l	Korrosionsgefahr für Kupfer
Ammoniak (NH_3)	< 2 mg/l	Korrosionsgefahr für Kupfer
Nitrat (NO_3)	< 70 mg/l	
Sulfat (SO_4)	< 70 mg/l	mögliche Korrosion von Edelstahl bei zu hohen Anteilen
Chlorverbindungen (Cl)	< 300 mg/l	mögliche Korrosion von Edelstahl bei zu hohen Anteilen
Gelöste Kohlensäuren (CO_2)	< 5 mg/l	Korrosionsgefahr für Kupfer
Ammonium	< 20 mg/l	

Quelle: Hartmann, Frank und Schwarzburger, Heiko: Systemtechnik für Wärmepumpen. München: Hüthig & Pflaum Verlag, 2009

Nicht ausgefilterte Verunreinigungen (zum Beispiel Sande) können speziell die Ecken im Verdampfer der Wärmepumpe verstopfen. Der Verdampfer friert an diesen Stellen ein. Das führt aber nicht automatisch zu einer Sicherheitsabschaltung des eingebauten Flusswächters, da noch immer ausreichend Wasser über die Wärmepumpe fließen kann. Im schlimmsten Fall wird der Verdampfer undicht und muss ausgetauscht werden. Auch wenn die Wasseranalyse eine gute Eignung des Grundwassers bestätigt, können sich die Eigenschaften des Wassers während der ersten Betriebsjahre verändern. Grund ist die ständige Wasserentnahme. Deshalb muss der Betreiber den Grundwasserfilter regelmäßig warten und das Wasser analysieren. Schäden wegen unzureichender Wartung wie Verschlammung oder Frost werden durch die Gewährleistung nicht abgedeckt. Die Hersteller der Wärmepumpen lehnen diese Ansprüche ab. Platzt der Verdampfer und tritt Wasser in den Kältekreislauf, ist die Wärmepumpe Schrott.

Auch bei Grundwasser gilt: Es ist stets besser, die Wärmequellenanlage größer auszulegen als unbedingt notwendig. Das beschert nicht nur dem Planer ein ruhiges Gewissen, sondern dem Nutzer hohe Jahresarbeitszahlen, weniger Emissionen und geringere Betriebskosten.

Geben geologische Karten oder geologische Dienste bzw. die Wasserbehörden keine Daten über das Grundwasservorkommen an, ist mittels einer Probebohrung unbedingt ein Pumpversuch durchzuführen. Bohrunternehmen sollten als Fachfirma nach DVGW W120 zugelassen sein. Bei Bohrungen und dem Bau von Grundwasserbrunnen muss die DVGW-Bescheinigung vorliegen. Material, das in den Untergrund eingebaut wird, muss ungiftig und korrosionssicher sein. Für den Brunnenausbau sind Vollrohre und Filterrohre zu verwenden, die korrosionsgeschützt sind. Rohre, Filterkies, Quellton oder Zement müssen für den Einsatz im Grundwasser geeignet sein.

Die Ansteuerung der Tauchpumpe erfolgt durch die Wärmepumpenregelung. Der Leistungsbereich ist genau zu ermitteln. Er ergibt sich aus der benötigten Förderhöhe. Die notwendige Leistungsaufnahme der Brunnenpumpe ist auch bezüglich der Energiebilanz nicht außer Acht zu lassen.

5.3.4.4 Die Sole als Wärmeträger

Um die Probleme mit der Korrosion und dem Verschleiß zu umgehen, empfiehlt sich auch bei Grundwasseradern, die Wärme mithilfe eines geschlossenen Solekreislaufs als Wärmetauscher zu sammeln und zum Verdampfer der Wärmepumpe zu führen. Das entspricht im Wesentlichen der Bauart einer Sondenanlage für festes Erdreich. Als Sole kommt ein Wasser-Glykol-Gemisch zum Einsatz, ähnlich wie in einer solarthermischen Anlage. Die Bezeichnung Sole stammt noch aus einer Zeit, als man dem Wasser Salz als Frostschutz beigab. Für Erdwärmesysteme hat sich ein Frostschutz bis −15 °C bewährt. Diese Temperatur wird bei fachgerechter Auslegung der Erdwärmesonde allerdings nie erreicht. Die Qualität der Sole ist regelmäßig zu kontrollieren. Dabei ist neben dem Frostschutz auf Reinheit und einen neutralen ph-Wert von etwa 7 zu achten. Neben dem Frostschutz enthält das Glykol auch Korrosionsinhibitoren, um die Anlage zu schützen. Oft verwendet werden Ethylenglykol und Propylenglykol. Ihre Konzentration beträgt maximal 33 %, was einem Frostschutz von −20 °C entspricht.

Ein kurzes Wort zur Solepumpe sei jedoch gestattet, da ihr Strombedarf für die Wirtschaftlichkeit der Anlage nicht unbedeutend ist. Der Solekreis braucht eine Umwälzpumpe, damit die Sole permanent zirkuliert. Andernfalls gelangt die Erdwärme nicht zum Verdampfer des Kältekreises. Sie entspricht den üblichen Umwälzpumpen für Heizungsanlagen, also Kreiselpumpen als Nassläufer oder Trockenläufer. Nassläuferpumpen mit Spaltrohrmotor sind wartungsfrei. Das Medium schmiert zugleich die Lager, solche Pumpen dämpfen den Schall und laufen besonders ruhig. Das hydraulische Verhalten wird durch die Pumpenkennlinie beschrieben, die sich in den Unterlagen der Hersteller findet. Zwei Faktoren kennzeichnen ihr Arbeitsverhalten: Die Förderhöhe nimmt bei zunehmendem Förderstrom ab. Der Förderstrom verringert sich bei zunehmender Förderhöhe. Die Sole-Umwälzpumpe wird nach Volumenstrom in Kubikmeter pro Stunde ausgelegt, der am Verdampfer der Wärmepumpe gefordert wird. Diese Angaben finden sich in den

Planungsunterlagen der Wärmepumpenhersteller. Es sind Pumpen mit konstanter Drehzahl zu wählen, da der Volumenstrom am Verdampfer konstant sein soll. Erst wenn der Verdampfer mit einem drehzahlgeregelten Kompressor kombiniert ist, hat es Sinn, eine drehzahlgeregelte Pumpe einzusetzen. Die Sole-Umwälzpumpe wird von der Steuerung der Wärmepumpe angesteuert. Ist die Umwälzpumpe (durch Unterbrechung der Spannung) außer Betrieb, schaltet die Regelung die Wärmepumpe aus und meldet eine Niederdruck-Störung. Bei größeren Anlagen werden auch Strömungswächter und andere Überwachungseinrichtungen eingesetzt.

5.4 Energie aus der Luft

Um die Energie im Erdreich und im Grundwasser zu nutzen, muss man eine recht aufwändige Wärmequellenanlage errichten. Allerdings sind auch sehr hohe Entzugsleistungen für große Gebäude nutzbar, zumal man die Wärmepumpen in Kaskaden schalten kann (Abb. 5.43). Einfacher ist es, die Außenluft als Wärmequelle zu verwenden, durch spezielle Luft-Wasser-Wärmepumpen. Mit der Luft lässt sich sogar Strom erzeugen, durch kleine Windräder auf dem Grundstück oder Windtonnen auf dem Dach.

Abb. 5.43: Zwei Wasser-Wasser-Wärmepumpen als Kaskade: Während eine Wärmepumpe die Grundlast abdeckt, springt das zweite Aggregat erst ein, wenn die Heizlasten einen bestimmten Schwellwert überschreiten. Die beiden Wärmepumpen können auch wechselseitig laufen, um die Standzeit der Aggregate zu erhöhen.

5.4.1 Luft als Wärmequelle

Beginnen wir mit den Luft-Wasser-Wärmepumpen (Abb. 5.44). Sie haben viele Vorteile: Luft als Wärmeträger lässt sich viel einfacher führen als Wasser oder eine Sole. Eine Luftmaschine ist nahezu wartungsfrei. Mithilfe von Luftkanälen kann man Luft faktisch überall nutzen. Die Luftmaschinen gibt es in vielen Bauformen (Abb. 5.45). Man kann Außenluft, Abluft oder die Umgebungsluft eines Kellerraums, eines zu kühlenden Nebenraumes oder eines überhitzten Wintergartens anzapfen. Einen Nachteil hat die Luft jedoch, der schwer wiegt: Im Vergleich zu Wasser oder Sole nimmt sie nur ein Viertel Wärme auf (spezifische Wärmekapazität). Zudem hat die Wärmenutzung aus der Luft stets Kondensat zur Folge. Beim Abkühlen schlägt sich Wasser ab, das abzuführen ist. Andernfalls friert der Verdampfer ein. Und: Saugt die Wärmepumpe sehr viel Luft an, machen sich unter Umständen störende Geräusche bemerkbar. Daher sollte der Aufstellungsort der Verdampfereinheit mit der Luftansaugung nicht zu nah an einem bewohnten Gebäude gewählt werden (Herstellerangaben zur Schallemission beachten).

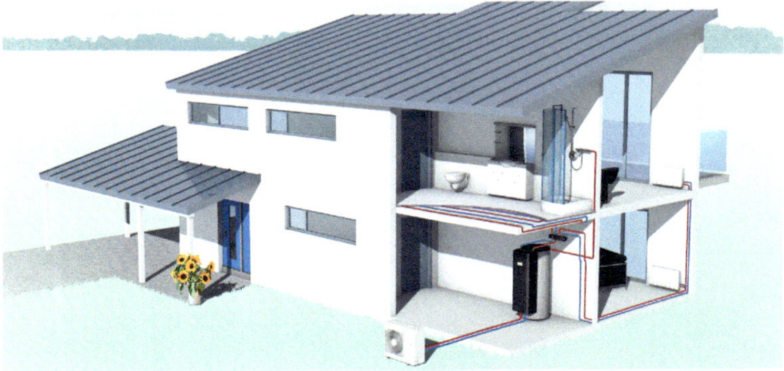

Abb. 5.44: Schema der Nutzung von Luft-Wasser-Wärmepumpen zur Außenaufstellung an einem Wohngebäude (Quelle: Glen Dimplex)

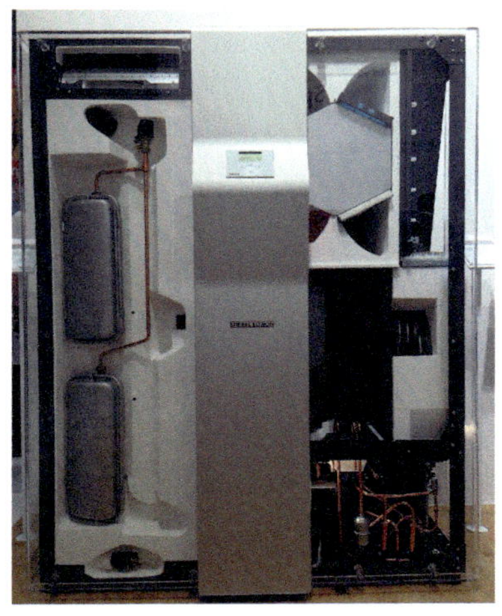

Abb. 5.45: Das LWZ genannte Integralsystem von Stiebel-Eltron heizt, lüftet, kühlt und bereitet Warmwasser; der Anschluss erfolgt über standardisierte Luftanschlüsse mit 300 mm Durchmesser

Meist wird die Außenluft als Wärmequelle genutzt. Ihre Temperatur ist im Laufe eines Jahres erheblichen Schwankungen unterworfen, zwischen Sommerglut und Winterfrost. Deshalb eignen sich außenluftgeführte Wärmepumpen vor allem für kleine Leistungen, unterstützt durch einen Elektroheizstab (monoenergetische Betriebsweise). Oder man plant einen bivalenten Wärmeerzeuger ein, der bei Eiseskälte einspringt, ab beispielsweise −3 °C. Im Sommer kann man die Außenluft als Wärmequelle sehr gut nutzen, um Warmwasser zu bereiten. Bei Außentemperaturen von 20 °C muss die Wärmepumpe nur 30 K schaffen, um die Bereitstellungstemperatur von 50 °C zu erreichen. Bei einer erdgekoppelten Wärmepumpe beträgt diese Differenz auch im Sommer mindestens 40 K. Idealerweise kombiniert man eine Luft-Wasser-Wärmepumpe mit einer Stückholzheizung, wenn die Holzscheite selbst hergestellt oder leicht zu beschaffen sind.

Kleinere Luft-Wasser-Wärmepumpen werden oft eingesetzt, um Warmwasser zu erzeugen. Für Heizungsanlagen werden sie meist monoenergetisch oder bivalent betrieben, wenn die Außenluft als Wärmequelle dient. Das erfordert einen zweiten Wärmeerzeuger, der sich ab einer Außentemperatur von −5 °C zuschaltet. Im einfachsten Fall ist es ein Elektroheizstab, der als Widerstandsheizung fungiert und den Luftstrom erwärmt. Da er gleichfalls elektrischen Strom braucht, spricht man von monoenergetischer Betriebsweise. Der Heizstab sollte aber nur an wenigen, wirklich kalten Tagen einspringen. Läuft er zu lange mit oder schaltet sich zu häufig ein, übernimmt er faktisch die Funktion der Wärmequelle, was energetisch und wirtschaftlich unsinnig ist.

Ein Beispiel: Bei 0 °C entspricht die Dichte von trockener Luft 1,293 kg/m^3. Dies entspricht bei 5000 m^3 einem Massenstrom von 6465 kg Luft. Die spezifische Wärmekapazität beträgt 0,198 Wattstunden je Kilogramm und Kelvin. Daraus ergibt sich bei einem Wärmeentzug von 3 K am Verdampfer eine Wärmemenge von 3840 Wh, also knapp 4 kW. Bei einer Leistungszahl von 3 bringt der Verdampfer eine Nenn-Wärmeleistung von rund 12 kW in das System. Vor allem bei größeren Leistungsbereichen und langen Betriebszeiten einer außenluftgeführten Wärmepumpe ist die feuchte Außenluft um den Gefrierpunkt die kritische Phase. Bei niedrigeren Temperaturen ist die Luft viel trockener, die Gefahr der Vereisung des Verdampfers sinkt. Der Abtauprozess verlangt Hilfsenergie und beeinflusst die Energiebilanz der Maschine. Die Außenluft muss deshalb möglichst ungehindert zugeführt, die entwärmte Luft ungehindert abgeführt werden.

Auch Abluft kann als Wärmequelle dienen, vor allem aus einer Lüftungsanlage im Gebäude. Mit der Wohnungslüftung kombinierbar sind beispielsweise Kleinstwärmepumpen als Luft-Luft-Maschinen, integriert in die Lüftungsgeräte. Das Abluftkanalsystem wird zur Wärmequellenanlage. Die Betriebsstunden der Lüftung bilden die Grundlage für die rückgewinnbare Wärme. An der Steuerung des Lüftungsgeräts kann man die Laufzeit einstellen. Man kann die Luftzufuhr drosseln oder abstellen. Grundsätzlich sollte die Lüftung immer laufen, wenn sich Menschen in den Nutzräumen befinden. Über einen Feuchte- und einen Kohlendioxidfühler lässt sich die Steuerung je nach Bedarf fahren. In der Praxis spart diese Wärmerückgewinnung rund die Hälfte der Lüftungsverluste ein. Spezielle Anwendungen wie die Nutzung von Umgebungsluft in Kellern oder andere Sonderfälle werden an dieser Stelle nicht behandelt.

Die sogenannte bivalente Betriebsweise bedeutet, dass ein zweiter Wärmeerzeuger ins Spiel kommt. Das kann eine Holzfeuerung sein oder auch Solartechnik auf dem Dach.

5.4.1.1 Bautypen von Luft-Wärmepumpen

Die verschiedenen Bautypen der Luft-Wasser-Aggregate ermöglichen vielfältigen Einsatz. Kompaktgeräte zur Innenaufstellung stehen im Haustechnikraum. Die Außenluft wird durch Maueröffnungen und Luftkanäle herangeführt. In der sogenannten Splitausführung steht die eigentliche Wärmepumpe getrennt vom Verdampfer. Er befindet sich separat in einem witterungsbeständigen Gehäuse. Um ihn an die Wärmepumpe anzubinden, braucht man Mauerdurchbrüche, Kälte- und Elektroleitungen. Geräte zur Außenaufstellung verlagern den Verdampfer und die Wärmepumpe in ein wetterfestes Gehäuse außerhalb des Wohnhauses. Dann muss man die Heizwärme über separate Leitungen ins Gebäude führen, ebenso die Elektrik.

5.4.1.2 Aggregate zur Innenaufstellung

Die Wärmequellenanlage befindet sich kompakt im Gerät beziehungsweise benötigt nur minimalen Aufwand zum Anschluss. Die kleinste Bauform ist die Warmwasser-Wärmepumpe, die in der unmittelbaren Umgebungsluft ihre Wärmequelle findet. Warmwasser-Wärmepumpen gibt es mit integriertem Warmwasserspeicher oder als Splitgerät mit externem Warmwasserspeicher für die Wärmenutzung. Externe Luft-Wasser-Wärmepumpen können auch zu Kühlzwecken eingesetzt werden. In diesen Fällen ist weniger die Wärmeleistung relevant, als vielmehr die Kälteleistung.

Wenn die Versorgung durch interne Umgebungsluft oder Prozesswärme nicht möglich ist, kann man ausreichend Luftvolumen von außen bereitstellen. Dann brauchen die Außenwände entsprechend große Öffnungen für die Ansaugstutzen und den Luftauslass. Das muss man schon beim Rohbau der Kellerwände beachten. Handelt es sich um eine Modernisierung, sind geeignete Stellen für die Durchbrüche auszuwählen und statisch zu prüfen.

Die Positionierung der Luftkanäle und Auslässe hängt vom Aufstellort der Wärmepumpe ab. Eckmauern bieten sich an, um die beiden Kanäle für die Luftansaugung und ihren Auslass nicht an einer Hauswand nebeneinander anzubringen. Das könnte zum Kurzschluss des Luftstroms führen, die Wärmepumpe saugt dann die Luft an, die sie eben – erkaltet – abgegeben hat. Die Folge des Kurzschlusses: Der Verdampfer vereist, die Anlage fällt aus. Bei der Ausrichtung sollte man zudem auf die vorherrschende Windrichtung achten, damit die abgekühlte Luft ungehindert abgeblasen wird. Die Öffnung für die Ansaugleitung sollte sich an einer ruhigen Stelle befinden, möglichst geschützt vor kaltem Wind.

Für den gewünschten Luftdurchsatz brauchen die Kanäle einen Mindestquerschnitt. In den Angaben der Hersteller finden sich Hinweise zur Dimensionierung der Mauerdurchführungen und zu den Mindestabständen der beiden Luftöffnungen. Die Mauerdurchführungen müssen abgedichtet sein. Damit sich die Wärmeverluste in Grenzen halten und sich kein Schwitzwasser abscheidet, sind die Kanäle gut zu dämmen. Wenn die Luftanschlüsse nicht gänzlich aus Segeltuchstutzen realisiert werden, sondern aus festem Material bestehen, muss man das Gerät flexibel anschließen, um die Übertragung von Schall auf das Mauerwerk zu verhindern.

5.4.1.3 Aggregate in Splitausführung

Splitausführung bedeutet, dass der Verdampfer außerhalb der Wärmepumpe positioniert ist. Dadurch wird das Aggregat kompakter, passt also auch in kleine Keller. Der separate Verdampfer kann großzügig ausgelegt werden, meist wird er außerhalb des Gebäudes aufgestellt. Zu beachten ist die eventuelle Lärmbelästigung durch die Luftströme am Verdampfer (Abb. 5.46).

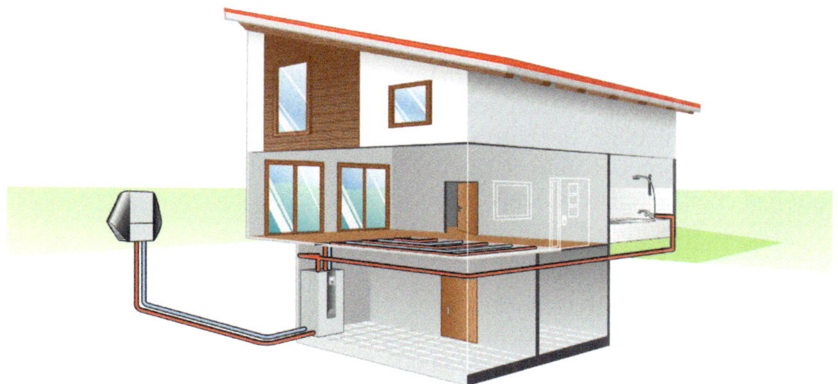

Abb. 5.46: Luft-Wasser-Wärmepumpe in Splitbauweise: Außerhalb des Gebäudes befindet sich nur der Verdampfer; der Arbeitskreis und der Verflüssiger stehen im Haustechnikraum im Innern des Gebäudes (Quelle: Alpha Innotec)

Die flexible Wahl des Aufstellortes ist ein Vorteil dieser Bauart. Die Verdampfer brauchen ein stabiles und witterungsbeständiges Gehäuse (Abb. 5.47). Sie werden aufgestellt oder aufgehängt. In jedem Fall ist auf die sichere Ableitung des Kondensats zu achten. Der Auslass im Erdreich sollte von einer Kiesschüttung umgeben sein, damit das Kondensat möglichst schnell versickert.

Abb. 5.47: Verdampfer einer leistungsfähigen Luftmaschine in Splitbauweise

Die Luft-Wasser-Wärmepumpe in Splitausführung ist vor allem für die Modernisierung gut geeignet. Oft ist es nur mit großem Aufwand möglich, neue Luftkanäle in die alten Kellerwände zu stemmen. Die Kälteleitungen sollten die Mauern unterhalb der Erdoberfläche durchstoßen. Eine Tiefe von 30 bis 40 cm reicht aus, wenn der Graben fachgerecht verfüllt und verdichtet wird. Die Regelung und die wesentlichen Teile der Elektronik befinden sich im Gebäude, vor Witterung geschützt und gut zugänglich. Der Verdrahtungsaufwand ist jedoch nicht zu unterschätzen. Anders als bei der Innen- oder Außenaufstellung müssen sämtliche Elektroleitungen für die Steuerung und die Ventilatoren auf der Baustelle hergestellt werden.

5.4.1.4 Kompaktgeräte zur Außenaufstellung

Kompakte Luft-Wasser-Aggregate zur Außenaufstellung eignen sich hervorragend für die Modernisierung oder Neubauten, in denen der Platz begrenzt ist. Das gesamte Gerät befindet sich in einem witterungsbeständigen Gehäuse auf dem Grundstück. Zwei Heizungsleitungen verlaufen durch das Erdreich zum Gebäude. Das Heizungsrohr muss unterhalb der Frostgrenze laufen und sehr gut gedämmt sein. Ebenso muss man ein Erdkabel zur Spannungsversorgung und die Datenleitung für die Sensorik verlegen.

Das Gerät sollte frei stehen, um den notwendigen Luftdurchsatz zu erreichen. Allerdings lässt sich die Wärmepumpe in den Garten integrieren. Nur die Stutzen für die Luftzufuhr und den Luftauslass müssen frei bleiben. Auch ein Flachdach kommt als Aufstellort in Frage, vorausgesetzt, es ist waagerecht und standsicher. In diesem Fall muss man die Wärmepumpe akustisch und elektrotechnisch entkoppeln. Der Heizkreis wird über flexible Schläuche an den Verflüssiger der Wärmepumpe gebracht, damit die Rohre keinen Schall übertragen. Die Regelung der Anlage kann man an zentraler Stelle im Haus errichten, um sie leicht bedienen und die Betriebszustände jederzeit abfragen zu können.

5.4.1.5 Bivalente Wärmesysteme

Deckt eine Wärmepumpe den Wärmebedarf eines Gebäudes ab, spricht man von monovalenter Betriebsweise. Ein zweiter Wärmeerzeuger wird nicht benötigt. So laufen erdgekoppelte Wärmepumpen in der Regel monovalent, weil die Temperatur der Wärmequelle über das gesamte Jahr nahezu konstant ist. Auch ist der Aufwand recht hoch, sodass die Anlage tatsächlich den gesamten Bedarf abdecken sollte.

Man kann Wärmepumpen aber gut mit anderen Wärmeerzeugern (zum Beispiel Holz) kombinieren. Dann spricht man von bivalenter Betriebsweise. Der zweite Wärmeerzeuger springt ein, wenn ein bestimmter Spitzenbedarf erreicht wird. Der sogenannte Bivalenzpunkt ist erreicht, wenn die Temperatur der Außenluft auf –5 °C absinkt.

So bieten Wärmepumpen und Stückholzkessel eine Vielzahl von Kombinationen: wassergeführte Kaminöfen, Kachelöfen oder Stückholzvergaserkessel sowie die vollautomatische Holzverbrennung durch Pellets oder Hackgut. Die Verfeuerung von Stückholz deckt nicht nur den Spitzenbedarf ab, sondern wärmt die Räume auch in der Übergangszeit. Dadurch verringern sich die Betriebsstunden der Wärmepumpe, die nur noch die Grundlast bereitstellt. Das spart Strom und schont die Wärmequelle. Wenn man das Stückholz selbst zubereitet, gehen die Brennstoffkosten gegen null. Die Wohnwärme wird durch die fast wartungsfreie, vollautomatische Heizungswärmepumpe gesichert.

Auch im Duo mit Holzpelletöfen spielen die Wärmepumpen ihre Vorteile gut aus: Im Wohnraum befindliche Primäröfen stellen heißes Wasser für die Raumheizung bereit. Die Nachheizung zur Spitzenlast läuft durch die vollautomatische Verbrennung der Pellets. Der Brenner kann natürlich ebenso in der Übergangszeit laufen. Die vollautomatische Regelung ist möglich. Sehr leicht lassen sich Wärmepumpen mit Sonnenkollektoren kombinieren, die warmes Wasser liefern und in der Übergangszeit die Räume erwärmen.

Eine Variante ist, dass die Wärmepumpe die Grundlast des Wärmebedarfs von etwa 80 % übernimmt. Wird mehr Wärme benötigt (zum Beispiel Warmwasser), schaltet sich ein Gas- oder

Holzbrenner zu. Diese Kombination ist auch als bivalent parallele oder bivalent teilparallele Betriebsweise möglich.

Auch in der Heizungsmodernisierung kann eine Kombination erhebliche Kosten sparen. Die Grundlast wird von einer Wärmepumpe gedeckt, die Spitzenlasten bedient ein Gas-Brennwertgerät, das sich nur kurz zuschaltet.

5.4.2 Der Wind als Generator

Neben dem thermischen Potenzial bietet Luft auch die Chance, Strom zu erzeugen. Wie die großen Windräder auf dem Lande und vor den Küsten können kleine Windturbinen die Stromausbeute des Grundstücks deutlich erhöhen. An dieser Stelle wollen wir einen kurzen Überblick über die Grundlagen und Fallstricke der Kleinwindkraft geben. Die konkrete Anlage bleibt in der Auslegung und Errichtung dem Fachmann überlassen.

In bebauten Ortschaften lohnt sich der Wind meistens nicht, um ein Windrad zu errichten. Anders sieht es auf freistehenden Gehöften oder den Grundstücken am Rand von Siedlungen aus. Dort kann der Wind durchaus eine kritische Stärke erreichen und im Jahresmittel gute Stromerträge liefern. Zu beachten ist, dass eine ordentliche Windturbine im Jahr zwischen 2500 und 4000 Volllaststunden bringen sollte. Ein Windrad mit 6 kW Nennleistung könnte demnach 15 000 bis 24 000 kWh Strom liefern. Zudem ergänzt sich ihr Ertragsprofil beinahe ideal mit der Photovoltaik. Während Sonnenstrom vor allem im Frühsommer und im Sommer erzeugt wird, wehen die stärksten und beständigsten Winde im Herbst und im Winter (Abb. 5.48). Der Ertrag des Windgenerators ist von der dritten Potenz der Windgeschwindigkeit abhängig.

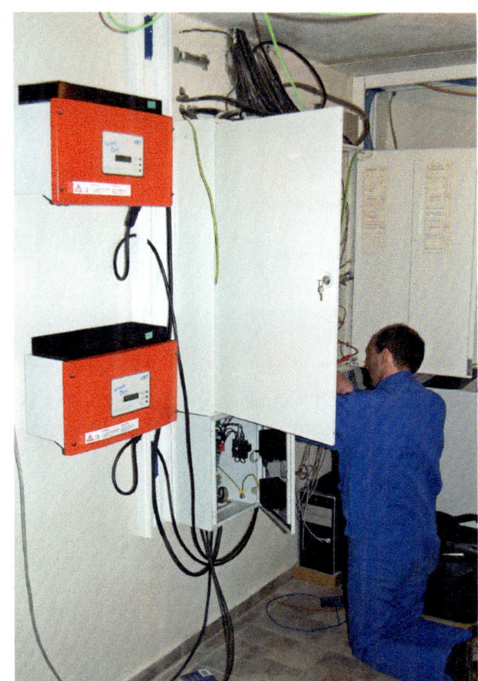

Abb. 5.48: In Mitteleuropa wird der meiste Windstrom im Herbst, im Winter und im Frühjahr erzeugt, wenn starke Winde herrschen. Deshalb passen Windkraft und Photovoltaik sehr gut zueinander. Die Ertragsspitze der Photovoltaik liegt in den eher windschwachen Monaten zwischen März und November.

Der Windrotor treibt einen Generator mit Metallkern und gewickelten Spulen an, der aufgrund der Spulenbewegung im Feld von Permanentmagneten einen Wechselstrom erzeugt. Dieser Wechselstrom ist von der Drehzahl der Generatorwelle, also des Rotors abhängig. Bei größeren Turbinen wird die Rotordrehung mit einem Getriebe an den Generator übersetzt. Bei kleineren Aggregaten bis 100 kW sitzen Rotor und Generator auf einer Welle. In einem Zwischenkreis des nachgeschalteten Umrichters wird der Wechselstrom zu einem getakteten Gleichstrom zerhackt, der wiederum zu einem netzkonformen Wechselstrom mit 50 Hz Frequenz umgesetzt wird (Abb. 5.49). Will man ein Kleinwindrad und eine Photovoltaikanlage in einem Stromspeicher koppeln, sollte der Akkumulator AC-geführt sein. Beispiele für Kleinwindenergieanlagen (KWEA) sind:

- Batteriegestütztes Inselsystem: 12/24/48 V (DC), 0,5 bis 1,5 kW Mikrowindenergieanlage (Leistungsklasse 1),
- Anlage auch netzgekoppelt zur Integration auf Gebäude oder frei stehend: 230 V (AC), 1,5 bis 5 kW (Leistungsklasse 1),
- Anlage für Gewerbegebiete und die Landwirtschaft: 400 V (AC), 5 bis 30 kW, Miniwindenergieanlage (Leistungsklasse 2),
- größere Generatoren für Gewerbe: 400 V/20 kV (AC), 30 bis 100 kW Mittelwindenergieanlage (Leistungsklasse 3).

Abb. 5.49: Auch Kleinwindanlagen brauchen Wechselrichter. Außerdem benötigen sie eine elektrische Motorbremse (Widerstandsbremse), damit sie bei abfallender Last nicht durchdrehen und sich selbst zerstören.

5.4.2.1 Geeignete Standorte

Für die Stromversorgung von Wohngebäuden mit integrierten Gewerberäumen oder benachbarten Werkstätten kommen fast ausschließlich Windturbinen mit 0,5 bis 10 kW zum Einsatz. Entscheidend ist, ob die meteorologischen Bedingungen ausreichen (Abb. 5.50). Das lässt sich nur durch Windmessungen feststellen. Sie dauern mindestens drei Monate bis zu einem Jahr. Der Wind muss ungehindert und unverbaut auf die Windrotoren treffen, um seine Kraft auf den Generator zu übertragen. Wesentliche Kriterien für die Auswahl des Standorts sind:

- Windgeschwindigkeiten und Hauptwindrichtung,
- Aufbauten in der Umgebung,
- Höhe des Standortes.

Abb. 5.50: Kleinwindkraftanlage (2,5 kW) im Container. Der Installateur sollte die Windgeschwindigkeit und die vorherrschende Windrichtung ausreichend prüfen, denn nicht jeder Standort ist geeignet.

Weil die Windleistung von der dritten Potenz der Windgeschwindigkeit abhängt, verfälscht ein Messfehler von 5 % die Ertragsprognose um rund 16 %. Der Wind sollte dort gemessen werden, wo später das Windrad stehen soll. Zur ersten Abschätzung eines Standortes sind die Winddaten der Wetterdienste und der Wetterportale im Internet gut geeignet. Steht in der Nähe eine Wetterstation, kann man die Daten ebenfalls nutzen.

Aus diesen Informationen ermittelt man die mittlere Windgeschwindigkeit. Sie bietet einen ersten Anhaltspunkt, ob sich die kleine Windturbine lohnt. Eine detaillierte Ertragsprognose ersetzt sie nicht. Dazu muss man die Häufigkeit der Windgeschwindigkeiten in einem Histogramm erfassen. Um das Histogramm für die Ertragsberechnung zu verwenden, stehen geeignete Programme bereit. Die Windrichtung hingegen spielt nur eine untergeordnete Rolle. Wichtig ist, dass der Wind nicht zu häufig drehen sollte, damit der Rotor möglichst direkt angeweht wird. Hindernisse wie hohe Bauten, Schornsteine oder Haine schwächen den Wind. Das Ergebnis sind Windschatten oder turbulenter Nachlauf am Rotor. Frei stehende Windmasten sind in der Regel deutlich ertragsstärker. Manchmal werden Vertikalläufer oder Horizontalläufer auf einem

Gebäude installiert. Die Form des Daches und die Gebäudegeometrie sowie seine Einbettung ins Ensemble beeinflussen die Windströmungen auf dem Dach gewaltig. An Kanten und Aufbauten werden sie umgelenkt und reißen ab.

5.4.2.2 Bauarten von Windturbinen

Für kleine Windenergieanlagen gilt DIN EN 61400-2 (VDE 0127-2). Darin sind die Kriterien zur Auslegung festgelegt. Die Generatoren sind gemäß dieser Norm zu prüfen und zu zertifizieren – was beileibe nicht alle Hersteller tun. Manche Windturbinen nutzen die Schubkraft des Windes aus. Die bekannten Horizontalläufer mit zwei, drei oder mehr Flügeln gehören zu den sogenannten Auftriebsläufern. Bei größeren Generatoren werden ausschließlich solche Rotoren verwendet.

Liegt die Rotorachse vertikal, eignen sich die Anlagen vor allem für dicht besiedelte Aufstellorte. Die Blätter erreichen nur geringe Geschwindigkeit, die Rotoren laufen leise. Die Vertikalläufer sind robust gegen schnelle Änderungen der Windrichtung oder gegen schräge Anströmung. Allerdings sind die Vertikalachser oft schwerer und teurer als vergleichbare Horizontalläufer. Generell wird die Energie des Windes mit deutlich geringerer Effizienz umgesetzt als in Anlagen mit horizontaler Achsenlage (Abb. 5.51 und Abb. 5.52).

Abb. 5.51: Die Vertikalläufer kommen besser mit unbeständigen und wechselnden Windverhältnissen zurecht, leisten aber nicht so viel wie Horizontalläufer. Entscheidend ist, wie viel elektrische Energie sie im Jahresmittel erzeugen.

Abb. 5.52: Die Windtonne (Leistung: rund 500 W) gehört zu den Vertikalläufern. Sie ist einfach aufgebaut, wartungsarm und lässt sich leicht montieren.

Bei den Horizontalläufern dominieren die Rotoren mit drei Blättern, weil sie die Massenkräfte am besten verteilen und am ruhigsten laufen. Sie sind sehr effizient und kompakt. Ihr Nachteil: Man muss sie dem Wind nachführen, sie sind empfindlich gegen abrupte Wechsel der Windrichtung. Weil die Blattspitzen mitunter sehr schnell werden, können sie aerodynamische Geräusche verursachen (Abb. 5.53).

Abb. 5.53: Horizontalläufer und Abluftschacht auf dem Dach eines Elektrobetriebs in Hessen

Die Auswahl der geeigneten KWEA erfolgt über die Nennleistung. Sie gilt stets für eine bestimmte Nenngeschwindigkeit. Will man zwei Anlagen vergleichen, sollte man zwei längere Betriebsphasen ausmessen, gemäß Leistungskennlinie. Bezüglich der Kosten rechnet man die Investitionen ebenfalls auf die Nennleistung um beziehungsweise auf die Leistung pro Quadratmeter Rotorfläche. Zwar können verschiedene KWEA die gleiche Nennleistung aufweisen. Anlagen mit großen Rotoren erreichen diese Nennleistung schon bei geringerer Windgeschwindigkeit. Bei ihnen ist die spezifische Flächenleistung sehr gering, zwischen 100 bis 200 W/m^2. Bei Starkwindanlagen klettert die spezifische Leistung auf bis zu 500 W/m^2.

5.4.2.3 Einsatz von KWEA

In der Versorgung von Wohngebäuden haben die kleinen Windturbinen ihren hauptsächlichen Einsatzfall als zweiter Generator neben der Photovoltaikanlage. In den lichtschwachen Monaten liefern sie ausreichend Strom, um die regenerative Eigenversorgung des Gebäudes und seiner Bewohner zu gewährleisten. In diesem Fall wird die elektrische Energie in einer stationären Batterie gelagert. Der Verkauf des Windstroms ins öffentliche Netz hat keinen Sinn. Erst der Eigenverbrauch im Gebäude erlaubt die wirtschaftliche Betriebsführung des Generators. Seine Nennleistung entspricht der elektrischen Grundlast des Gebäudes. Wird der Strom nicht angenommen und nicht ins Netz eingespeist, muss er über einen elektrischen Widerstand verheizt werden. Dreht die Windturbine ohne Last, beschleunigt sie sich, bis die Fliehkräfte ihr ein Ende machen. Deshalb ist die Rotorbremse unabdingbar wie der Wechselrichter und der Sicherheitsschalter. Bei Sturm klappen die Windrotoren in die Segelstellung, um keinen Schaden zu nehmen.

Dass die Windrotoren kein Kohlendioxid oder andere Abgase verursachen, bedeutet nicht, dass sie überhaupt keine Emissionen abgeben. Der von ihnen ausgehende Schall kann durchaus beträchtlich sein. Deshalb gelten die Vorgaben der TA Lärm und der DIN EN 61400-11 (VDE 0127-11) sowie des britischen Standards MSC. Hinzu kommen optische Immissionen, die im Bundes-Immissionsschutzgesetz definiert sind. Dazu gehören der bewegte Schattenwurf der Anlage und Reflexionen an den Rotorblättern (Diskoeffekt).

5.4.2.4 Installation von Windturbinen

Die Norm DIN EN 61400-2 ist die Bibel der Kleinwindbranche. Die statischen Vorgaben für die Aufstellung eines Windrads stehen in DIN EN 1991-1-4. Sie resultieren aus dem Gewicht der Anlage und der Ballastierung auf dem Dach, falls erforderlich. Zusätzlich wirken dynamische Windkräfte, die sich über den Hebel der Gondel und des Mastes auf das Gebäude übertragen. Nicht zu unterschätzen sind die Schneelasten im Winter.

Oft vernachlässigt werden die Schwingungen, die vom Windrotor ausgehen. Eine Vielzahl von Eigenfrequenzen ist möglich, Teile des Daches oder Gebäudes können als Verstärker wirken. Die Entkopplung des Gestells vom Gebäude sollte sorgfältig ausgeführt werden. Wie eine Photovoltaikanlage ist auch die KWEA gut gegen Blitze und Überspannungen zu sichern.

Für den Aufbau einer KWEA gelten in Deutschland sehr unterschiedliche Vorschriften, weil die Genehmigungen in die Hoheit der Landesbauordnungen fallen. Während man Kleinwindanlagen in einigen Bundesländern bis zu einer Höhe von 10 m verfahrensfrei errichten darf, ist in anderen stets ein förmliches Genehmigungsverfahren erforderlich. Es gelten das Bauplanungsrecht, das Bauordnungsrecht, das Immissionsschutzrecht sowie der Naturschutz, der Denkmalschutz und das Luftverkehrsrecht.

Für Kleinwindenergieanlagen muss man mit 2000 bis 10000 Euro je Kilowatt Generatornennleistung rechnen. Im Vergleich dazu nimmt sich die Photovoltaik mit 1300 Euro je Kilowatt bescheiden aus. Allerdings sollte eine KWEA zwischen 2500 und 4000 Betriebsstunden im Jahr laufen. Die Photovoltaik schafft nur rund 1000 Stunden.

5.5 Holz als Wärmespender

Holz und Torf sind die ältesten Brennstoffe des Menschen, die er nutzt, seit er das Feuer vor rund 600000 Jahren zu zähmen lernte. Derzeit erlebt Holz eine Renaissance. Viele Grundstücke bieten Möglichkeiten an, Holzscheite zu lagern. Bei manchen Grundstücken gehören Holzrechte zum Eigentum. In der Tat: Holzscheite, Holzpellets oder Hackschnitzel sind Energieträger, die je nach Region ohne Einschränkung verfügbar sind. Der Markt hält eine Fülle an ausgereiften Feuerungssystemen parat, von offenen Kaminen über Öfen mit Wassertasche bis hin zu vollautomatischen Heizkesseln. Das Gebäudeenergiegesetz schreibt für Neubauten vor, wie viel erneuerbare Energien mindestens den Heizbedarf anteilig decken müssen. Werden Wärmepumpen oder Holzfeuerungen installiert, muss ihr Anteil an der erforderlichen Energie mehr als 50 % betragen.

5.5.1 Der älteste Brennstoff

Deutschland ist fast zu einem Drittel mit Wäldern bedeckt. Auf rund elf Millionen Hektar erzeugen die Bäume pro Jahr etwa 60 Millionen Tonnen Neuholz. Stofflich (Bauholz, Papier) und energetisch (Wärme) werden zwei Drittel genutzt. Holz wird in Festmetern (FM) bemessen. Ein Festmeter entspricht einem Kubikmeter fester Holzmasse, ohne Zwischenräume zur Schichtung. Das Maß von geschichteten Scheiten von einem Meter Länge mit Zwischenräumen ist ein Raummeter (RM), landläufig auch als Ster bezeichnet. Für Hackschnitzel gilt der Schüttraummeter als Maß, etwa 0,7 Raummeter.

Holz ist ein fester Brennstoff, dessen thermische Verwertung den Gesetzen der Abgastechnik folgt, ähnlich wie bei Kohle. Man unterscheidet im Wesentlichen drei Arten von Holzbrennstoff: Scheitholz, Hackschnitzel und Holzpellets. Nachfolgend eine kurze Übersicht der Heizwerte:

Scheitholz

- *Buche, Eiche, Esche*: rund 4,1 Kilowattstunden je Kilogramm, entspricht rund 2100 Kilowattstunden je Raummeter,
- *Ahorn, Birke*: rund 4,2 Kilowattstunden je Kilogramm, entspricht 1900 Kilowattstunden je Raummeter,
- *Pappel*: rund 4,1 Kilowattstunden je Kilogramm oder 1200 Kilowattstunden je Raummeter,
- *Kiefer, Lärche, Douglasie*: rund 4,4 Kilowattstunden je Kilogramm oder 1700 Kilowattstunden je Raummeter,
- *Fichte, Tanne*: rund 4,5 Kilowattstunden je Kilogramm oder 1500 Kilowattstunden je Raummeter.

Holzpellets

- 4,9 bis 5,4 Kilowattstunden je Kilogramm, mehr als 3200 Kilowattstunden je Raummeter.

Vergleich mit Heizöl

- 1 Raummeter Buchenscheitholz: 200 Liter Heizöl,
- 1 Schütttraummeter Holzhackschnitzel: 65 Liter Heizöl,
- 1 Kubikmeter Holzpellets: 320 Liter Heizöl.

Stückholz oder Scheitholz oder Holzscheite sind die einfachste Form von Holz als Brennstoff. Gängige Scheitlängen sind 25 cm, 33 cm, 50 cm oder 1 m. Nach dem Sägen werden sie gespalten. Die Holzscheite müssen ein bis zwei Jahre an der Luft trocknen, um höchstens 15 % Restfeuchte aufzuweisen. Die Scheite lagert man am besten an einer Hauswand, die vor Wind und Regen geschützt ist. Die zunehmende Nachfrage erhöht den Wert des Waldes, seine Bewirtschaftung lohnt sich. Holzscheite werden stets von Hand in die Feuerungsanlage eingebracht. Wie bei Kohlefeuerungen muss man gelegentlich die Asche entfernen. Scheitholz ist auf kleinere Kessel und offene Kamine beschränkt.

Für größere Feuerungen nutzt man Hackschnitzel, die als Abfälle aus der Forstwirtschaft oder der Holzverarbeitung anfallen (Abb. 5.54). In normalen Wohngebäuden sind Hackschnitzelkessel eher die Ausnahme, finden sich aber gelegentlich bei Mehrgeschossbauten. Die Schnitzel werden mit Lastkraftwagen angeliefert und eingebunkert. Aus dem Lager laufen sie über Schubstangen und Förderschnecken zum Brennraum. Sind zu weiche Hölzer wie Pappel oder Weide oder zu viel Rinde dabei, entsteht viel Schlacke, die manuell vom Rost im Brennraum gekratzt werden muss. Dieser Aufwand wird sehr oft unterschätzt, sowohl vom Planer als auch vom Betreiber (Abb. 5.55). Die Hackschnitzel werden in Gruben oder Mieten gelagert. Die Größe des Vorratsbunkers entscheidet wesentlich über die Wirtschaftlichkeit. In Deutschland gibt es für die Hackschnitzel keine Standardisierung wie etwa bei den Holzpellets. Je trockener sie sind, desto besser verbrennen sie. Die Zufuhr des Brennstoffs und der Verbrennungsluft ist dem Leistungsbedarf angepasst (Regelung über Lambda-Sonden). Deshalb brennt das Holz auch bei gedrosseltem Betrieb optimal aus, mit hohem Wirkungsgrad und geringen Emissionen.

Abb. 5.54: Hackschnitzel kommen als Brennstoff nur für größere Wohngebäude in Frage. Denn der Aufwand zur Lagerung und Befeuerung ist vergleichsweise hoch.

Abb. 5.55: Oft unterschätzt: Schlackenbildung im Hackschnitzelbrenner. Für kleine Wohngebäude sind Holzpellets oder Scheitholz besser geeignet.

Seit einem Vierteljahrhundert sind in Deutschland kleine, formstabile Presslinge zugelassen, die mittlerweile wohlbekannten Pellets (Abb. 5.56). Holzpellets setzen sich aus naturbelassenen Sägespänen oder Hobelspänen, aus Holzresten und verschiedenen Beimengungen (zum Beispiel Maisstärke) zusammen. Die Beimengungen dürfen 2 % nicht übersteigen, chemische Bindemittel sind nicht erlaubt. Das Gemisch wird angefeuchtet, unter hohem Druck gepresst und in Form gebracht. Holzpellets für Wohngebäude haben 6 mm Durchmesser und die drei- bis fünffache Länge. Zerbröseln sie leicht, sind sie minderwertig, ihr Heizwert ist gering. Für Pellets gibt es ein Qualitätslabel, das Logo DINplus (Abb. 5.57). Es kennzeichnet die Pellets, die der Normung entsprechen. Hochwertige Pellets erkennt man an der harten, glatten Oberfläche ohne Risse. Sie sind hell und riechen wie Holz (Abb. 5.58).

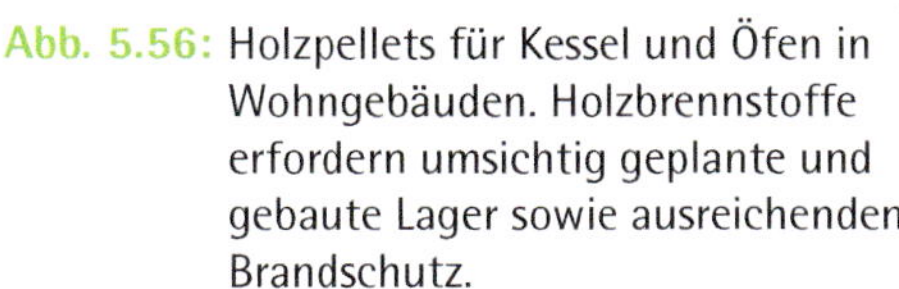

Abb. 5.56: Holzpellets für Kessel und Öfen in Wohngebäuden. Holzbrennstoffe erfordern umsichtig geplante und gebaute Lager sowie ausreichenden Brandschutz.

Abb. 5.57: Qualitätslabel DINplus für Holzpellets (Quelle: DIN)

Abb. 5.58: Mittlerweile gibt es bereits kombinierte Systeme, die Sonnenstrom und Wärme aus Pelletkesseln nutzen. Sie sind rein thermischen Systemen wie der Solarthermie überlegen.

In Deutschland sind die Anforderungen an Pellets in der DIN EN ISO 17225 festgelegt, in Österreich in vergleichbaren Vorschriften. Das Label DINplus vereint die jeweils strengeren Anforderungen beider Regelwerke und ist somit zur Beurteilung der Pellets gut geeignet. Daneben gibt es weitere Vorgaben einzelner Hersteller und Verbände.

Seit 2010 gilt in Deutschland das Kennzeichen ENplus. Das Label legt strenge Grenzwerte für die Bestandteile der Pellets fest, damit sie ausreichend Heizwert entwickeln und nicht zerbröseln. Das Zeichen wird vom Deutschen Pelletinstitut vergeben. Der Verbraucher findet das ENplus-Zeichen auf dem Lieferschein oder auf Pelletsäcken (Sackware). Holzpellets der Klasse A1 dürfen nur einen Aschegehalt von 0,5 % (für Nadelholz) und 0,7 % (für Hartholz) aufweisen. Die mit der europäischen Norm definierten Industriepellets werden nicht mit dem ENplus-Zeichen, sondern mit dem EN-B-Zertifikat abgedeckt. Sie erlauben höhere Aschegehalte. Sogenannte Industriepellets sind länger und haben einen geringeren Heizwert, weil Rindenabfälle und weiche Hölzer beigemengt sind.

Ein zu hoher Anteil an Rinde oder Fremdstoffen verschlackt den Brennraum. Aggressive Verbrennungsgase und Wasser bilden eine unheilvolle Allianz. Sie greift die Technik und den Schornstein an. Beim Verbrennen schlechter Pellets gelangen mehr Schadstoffe ins Rauchgas, sodass die Grenzwerte aus der Bundesimmissionsschutzverordnung (BImSchV) unter Umständen nicht eingehalten werden. Der Aschegehalt von Pellets liegt unter 0,5 %. Ihr Wassergehalt beträgt weniger als ein Zehntel, das Schüttgewicht etwa 650 kg/m³.

Für Pellets braucht man ein Lager, das nicht allzu weit vom Kessel entfernt sein sollte. Dafür eignen sich Kellerräume oder beigestellte Sacksilos. Man kann die Pelletlager gut abgedichtet neben einer Zisterne in den Boden versenken oder sie sogar auf dem Dachboden platzieren. Selbstredend gelten spezielle Bestimmungen des Brandschutzes.

Freistehende Pelletöfen kann man mit der Hand befüllen, automatische Brennwertkessel aber nicht. Eine Sauganlage mit Druckluft oder eine Förderschnecke fördert die Presslinge je nach Bedarf in den Kessel, der über die Menge der Pellets und die Verbrennungsluft den Wärmeumsatz steuert (Abb. 5.59). Bei hohem Staubanteil lassen sich die Pellets schlecht transportieren und dosieren. Feuchte Pellets zerfallen leicht. Pelletsbrösel können die Förderschnecke verstopfen, bis zum Ausfall der Anlage (Abb. 5.60). Angeliefert werden die Pellets mit Tankwagen, ihre hohe Energiedichte erlaubt ähnliche Lieferintervalle wie bei Heizöl oder Flüssiggas. Bei der Auslegung eines Pelletlagers ist darauf zu achten, dass dieses Lager mindestens die Menge an Brennstoff aufnehmen kann, die innerhalb eines Jahres benötigt wird.

Abb. 5.59: Spezielles Austragsystem für Holzpellets, auch Maulwurf genannt. Es wurde für Pelletlager in Wohngebäuden entwickelt und arbeitet mit Saugtechnik.

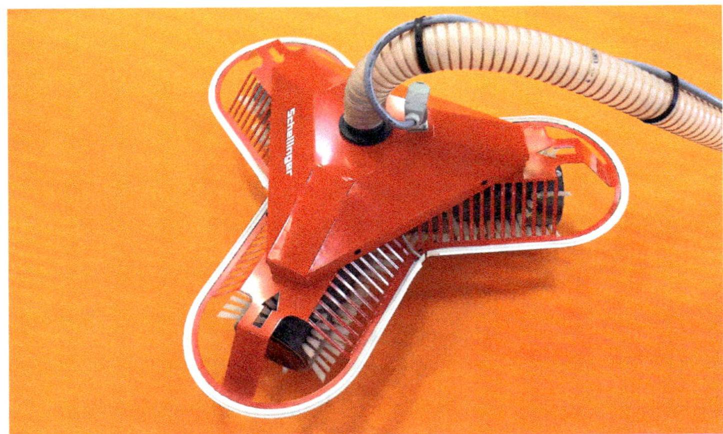

Abb. 5.60: In dieses Austragungssystem sind Bürsten integriert, um die Pellets vom Boden des Lagers aufzunehmen und in den Kessel zu fördern

Ein Kessel mit 10 kW Nennleistung benötigt bei 2000 Betriebsstunden im Jahr etwa 4 t Pellets. Die Größe des Lagers beträgt mindestens 6,2 m^3 (4000 kg geteilt durch 650 kg/m^3). Besser sind 7 m^3. Zu beachten ist der sogenannte Totraum bei massiven Pelletbunkern, die mit schrägen Ebenen zur Förderschnecke hin ausgebildet sind. Saugaustragungen oder Pelletsilos nutzen das Lagervolumen besser aus.

Auch Pelletfeuerungen erzeugen Asche, die gelegentlich entfernt werden muss. Über den Daumen gepeilt gelten folgende Vergleiche für den Heizwert von DINplus-Pellets:

- 1 t Pellets: rund 500 Liter Heizöl,
- 1 m^3 Pellets: rund 320 Liter Heizöl,
- 1 kg Pellets: rund 0,5 m^3 Erdgas,
- 1 kg Pellets: rund 0,38 kg Flüssiggas.

5.5.2 Technik der Holzfeuerungen

Moderne Holzfeuerungen stehen in Wirkungsgrad, Effizienz und Emissionen den Gas- und Ölfeuerungen nicht nach. Auch bei Holzpellets ist die Brennwerttechnik längst Stand der Technik. Man unterscheidet luftgeführte Öfen für den Einzelraum und wassergeführte Heizungskessel.

Öfen oder Kaminöfen werden in der Regel von Hand beschickt, ebenso wird die Asche manuell entfernt. Die Öfen geben ihre Wärme in den Raum ab, in dem sie aufgestellt sind. Denkbar sind Kamine, die in mehrere Räume abstrahlen. Da sie keinen Wasserwärmetauscher haben, werden sie nicht in die wassergeführte Heizungsanlage eingebunden. Heizkamine und Kaminöfen erreichen einen Wirkungsgrad von 70 %, offene Kamine nur 20 bis 30 %. Dennoch leisten sie in den Übergangsmonaten gute Dienste. Voraussetzung für den Einbau ist natürlich ein Schornstein. Generell sollte die Verbrennung unabhängig von der Raumluft erfolgen – die notwendige Verbrennungsluft ist getrennt zuzuführen. Der Markt bietet diverse Abgassysteme.

Öfen und Kamine stellen Heizleistungen von 3 bis 11 kW bereit, die nicht in die Hydraulik der Wärmeversorgung eingespeist werden. Sie sind als Einzelfeuerstätte ausgelegt, mit einem integrierten Vorratsbehälter für wenige Tage. Manche Kamine sind gänzlich offen, andere haben eine Sichtscheibe. An den Heizkreis kann man solche Wärmeerzeuger nur anschließen, wenn sie eine Wassertasche aufweisen, also einen Wärmetauscher, der sich hydraulisch einkoppeln lässt. Oft fungieren die Scheitholzkaminöfen als Wärmespender für die Übergangszeit, bis in der eigentlichen Heizperiode ein zweiter Wärmeerzeuger einspringt, etwa ein Pelletkessel oder eine Wärmepumpe.

Auch Pelletöfen werden als Kaminofen aufgestellt. Sie sind mit automatischer Zündung, Fernbedienung, Zeitschaltuhr und Raumthermostat ausgestattet. Die Zufuhr der Pellets zum Brennraum geschieht automatisch und leistungsabhängig. Ihr Einsatzbereich wird von Modellen, die ohne Stromanschluss auskommen, stark erweitert. Der Aufwand für Bedienung und Wartung ist wegen der Reinigung (Asche) und Befüllung mit Pellets größer als bei vollautomatischen Kesseln. Allerdings kosten sie deutlich weniger.

Der Pelletbehälter ist direkt in den Ofen integriert. Seine Kapazität reicht für mehrere Tage und lässt sich durch zusätzliche Behälter erweitern. Die Befüllung erfolgt manuell mit handlichen Pelletsäcken, die in jedem Baumarkt in verschiedenen Größen erhältlich sind.

Als Kessel bezeichnet man automatische Feuerungen, die über einen Wärmetauscher in die Hydraulik des Heizungssystems eingebunden sind. Bei Stückholzkesseln muss man den Brennstoff manuell nachlegen, wobei das Lager für die Scheite meistens so angeordnet ist, dass der Brennstoff von allein in den Brennraum nachrutscht. Fast alle Pellet- und Scheitholzkessel zünden automatisch über einen Glühstab oder ein Heißluftgebläse. Größere Heizkessel ohne automatische Zündung sind meist mit einer Gluterhaltungsautomatik ausgestattet. Sobald die Wärmeanforderung aus dem Heizkreis zurückgeht, schaltet die Regelung auf Gluterhaltung, die bis zu einigen Tagen vorhalten kann.

Prinzipiell gilt: Kessel haben höhere Wirkungsgrade als Öfen oder Kamine, nämlich 80 % und mehr. Die Holzvergaserkessel verschiedener Hersteller mit Leistungen von 15 bis 50 kW haben einen Wirkungsgrad zwischen 90 und 93 %.

Die Heizkessel benötigen eine Zulassung nach DIN EN 303-5 und eine Bauartzulassung für Deutschland (Ü-Prüfzeichen). Es reicht nicht aus, wenn der Kessel eine CE-Kennzeichnung hat oder nach EN 303-5 zertifiziert ist. Moderne Kessel laufen mindestens 15 Jahre. Diese Zeitspanne wird bei der Berechnung der Investition angenommen. Ein gusseiserner Allesbrenner geht faktisch niemals kaputt.

Für Kessel unter 50 kW ist kein separater Heizraum vorgeschrieben. In Ein- oder Zweifamilienhäusern kann der Heizraum auch anderen Zwecken dienen. Die ausreichende Zufuhr von Verbrennungsluft ist wichtig. Die Feuerstättenverordnung verlangt mindestens 150 cm^2 Querschnitt für Feuerstätten unter 50 kW Leistung. Diese Forderung erfüllen entsprechend dimensionierte Belüftungsrohre, Fenster, Türen oder ein Belüftungsschacht im Kamin. Es ist auch möglich, über einen Nachbarraum mit Öffnung nach außen zu belüften. Die Entscheidung trifft der zuständige Kaminkehrermeister.

Neben den Kesseln mit Gebläsen für die Zufuhr von Verbrennungsluft gibt es die sogenannten Naturzugkessel. Dabei handelt es sich um kostengünstige Zentralheizungskessel, die mit wenig Elektronik und Regelungstechnik ausgestattet sind. Meist dienen sie als Zusatzheizung. Als Kellerausführung wird der Naturzugkessel für kleine Leistungen von maximal 14,9 kW angeboten. Damit liegt er unter der gesetzlichen Grenze für die Messpflicht des Kaminkehrers. Ab 15 kW Nennleistung ist ein gebläseunterstützter Heizkessel mit kontrollierter Verbrennungsregelung sinnvoll.

Stückholzkessel gibt es in zahlreichen Varianten. Man unterscheidet Kaminkessel im Wohnraum, Allesbrenner als Beistellkessel und Holzvergaserkessel. Der Kaminkessel ist die wassergeführte Variante eines Kaminofens. Holzvergaser haben schon vor dem Zweiten Weltkrieg Autos angetrieben. Moderne Vergaserkessel sind Unterbrandkessel, bei denen die Trocknung, Vergasung und Verbrennung räumlich getrennt ablaufen. Im Füllschacht wird der Brennstoff zunächst getrocknet und dann unter Sauerstoffmangel verschwelt. Die Holzgase werden nach unten abgeleitet, über ein Gebläse mit Luft vermischt und bei hohen Temperaturen sauber verbrannt.

Ein Stückholzvergaserheizkessel läuft nicht kontinuierlich über den ganzen Tag, sondern muss manuell beschickt werden. Eine Holzfüllung reicht je nach Holzart drei bis vier Stunden bei voller Leistung. Ein Pufferspeicher nimmt die Wärme auf und kann sie über einen längeren Zeitraum (zum Beispiel über Nacht) wieder abgeben. Scheitholzkessel erreichen Nutzungsgrade von 80 bis 92 %. Sie sind als reine Volllast- oder als regelbare Kessel erhältlich, die auf etwa 30 bis 50 % der Nennleistung abgesenkt werden können. Ihre Brennraumgeometrie ist für gängige Scheitholzlängen angepasst. Die Regelung erfolgt entweder nach der Wassertemperatur im Wärmetauscher des Kessels oder per Überwachung des Sauerstoffgehalts im Abgas (Lambda-Sonde). Die geregelte Primär- und Sekundärluftzufuhr steuert die vollständige Verbrennung der Rauchgase. Ein Pufferspeicher ist in jedem Fall notwendig.

Typische Eigenschaften von Holzvergasern sind die modulierende Kesselleistung (Anpassung an den jeweiligen Wärmebedarf), drehzahlgeregelte Saugzuggebläse (statt Naturzug), höhere Abbrandzeiten (Halbierung der Nachlegeintervalle durch große Füllraume), Wirkungsgrade über 90 % und geringe Emissionen. Sie erreichen folgende Nennleistungen:

- < 15 kW für Niedrigenergiehäuser,
- 15 bis 50 kW für 50 cm Scheitholz als Volllastkessel (leistungsgeregelt und feuerungsgeregelt),
- 15 bis 50 kW für maximal 1 m langes Scheitholz.

Die Verbrennung im Vergaserkessel wird über Lambda-Sonden geregelt. Mit dem griechischen Buchstaben Lambda bezeichnet man das Verhältnis von Verbrennungsluft und Brenngas. Aus der Automobiltechnik ist diese Steuerung seit Jahrzehnten bekannt. Lambda-Sonden regeln die Luftzufuhr im Ottomotor, sie stellen ein mageres (Luftüberschuss bei warmem Motor und geringer Lastabforderung, sprich: Fahrt auf der Autobahn) oder fettes Gemisch (Überschuss an Kraftstoff, zum Beispiel beim Kaltstart) ein. Ähnliches passiert im Holzvergaser: Die Lambda-Sonde meldet dem Regler für die Verbrennungsluft, wenn Sauerstoff fehlt, damit die Verbrennung der Holzgase optimal laufen kann.

Pelletkessel werden ausschließlich mit Holzpellets beschickt. Sie werden automatisch gezündet und reinigen sich selbst. Der große Aschebehälter senkt den Aufwand zur Bedienung, die Kessel laufen vollautomatisch und haben einen geringen Wartungsaufwand.

Für Wohngebäude sind Pelletkessel mit 3 bis 35 kW Leistung erhältlich. Der Heizvorgang läuft vollautomatisch, auch die Zufuhr der Pellets wird elektronisch geregelt. Dabei ist eine Leistungsdrosselung bis auf 30 % möglich (modulierende Betriebsweise). In der Regel brauchen Pelletheizungen einen thermischen Pufferspeicher.

Pelletkessel gibt es auch als Brennwertgeräte. Ein Brennwertkessel nutzt nicht nur die Heizenergie im Brennraum, sondern auch die Kondensationswärme des Wasserdampfes im Abgas. Der Wirkungsgrad liegt zwischen 6 und 11 % über konventionellen Kesseln (auch bei Erdgas oder Heizöl). Um diesen Effekt tatsächlich nutzen zu können, müssen die Temperaturen im Abgas so niedrig wie möglich sein. Das heißt, so viel Wärme wie möglich sollte dem Brennraum entzogen sein. Ein ausreichend großer Pufferspeicher ist dafür entscheidend.

Seit 2017 sind die ersten Pelletkessel auf dem Markt, die einen Stirlingmotor integrieren. Er liefert Strom, zusätzlich zur Heizwärme. Diese Systeme werden wie klassische BHKW eingebunden und betrieben.

Sollte der Fall eintreten, dass die Wärme von der Holzfeuerung nicht mehr abgenommen wird, schaltet sich ein vollautomatischer Pelletkessel in der Regel von selbst ab. Die Zuführung der Pellets wird gestoppt, die Flamme im Kessel erlischt. Im Scheitholzkessel brennt das Holz lange weiter. Die Gefahr besteht, dass sich das Wasser im Wärmetauscher überhitzt und zu kochen beginnt. Deshalb setzt man einen Sicherheitstemperaturfühler in die Wassertasche des Kessels ein. Wird die Wärme nicht mehr abgefordert, steigt die Temperatur im Wärmetauscher über einen zulässigen Grenzwert an. Erreicht der Druck einen kritischen Wert, wird die kochende Wassertasche im Kessel durch kaltes Wasser gespült und entspannt. Unter Umständen muss man die Ablaufsicherung nachrüsten, sie ist nicht immer Bestandteil des Kessels. Sie erfordert einen separaten Kaltwasseranschluss, der nicht absperrbar sein darf.

Um die Versottung des Kesselinneren zu vermeiden, darf die Rücklauftemperatur nicht unter den Taupunkt des Wassers absinken. Aus diesem Grund wird in den Kesselrücklauf vor der Kesselkreispumpe ein Drei-Wege-Mischer eingebaut, um besonders beim Start des Kessels den Rücklauf mithilfe von Wasser aus dem Vorlauf hochzuhalten.

5.5.3 Pellets richtig lagern

Holzpellets werden in speziellen Lagern vorgehalten, mittels Silowagen angeliefert und ins Lager eingeblasen. Das Silofahrzeug sollte möglichst nahe an die Befüllstutzen heranfahren können. Eine lange Einblasstrecke hat beim Befüllen einen gewissen Abrieb zur Folge, der Schlauch sollte nicht länger als 30 m sein. Wenn möglich, sollte der Lagerraum an eine Außenmauer angrenzen, um die Einblas- und Absaugstutzen ins Freie zu führen.

In der Regel wird ein Lager im Gebäudekeller genutzt. Denkbar sind Garagen, Dachböden oder beigestellte Anbauten wie Sacksilos oder im Erdreich vergrabene Betonzisternen, die zugleich als Pelletlager fungieren. Die Größe des Lagerraums hängt vom Wärmebedarf des Gebäudes ab, maximal die 1- bis 1,5-fache Jahresbrennstoffmenge. Diese Schätzwerte sind hilfreich:

Pelletlager mit Schrägböden:

- pro Kilowatt Heizlast = 0,9 m^3 (inkl. Leerraum unter dem Schrägboden),
- nutzbarer Lagerraum = zwei Drittel des Raumes (inkl. Leerraum).

Pelletlager ohne Schrägböden (Flachlager):

- nutzbarer Rauminhalt = Raumvolumen (L x B x H) x 0,9.

Pellets sind hygroskopisch. Kommen sie mit Wasser oder Feuchtigkeit in Kontakt, quellen sie auf, zerfallen und blockieren die Fördertechnik (Druckluftgebläse, Förderschnecke). Das Pelletlager muss ganzjährig trocken sein. Im Neubau ist auf ein bereits ausgetrocknetes Lager zu achten. Normale Luftfeuchtigkeit schadet den Pellets nicht. Manche Pelletlager weisen einen Schrägboden auf, um die Pellets besser an die Entnahmetechnik zu führen. Der Winkel des Schrägbodens sollte etwa 45° betragen, damit die Pellets selbsttätig nachrutschen. Bei geringerer Neigung bilden die Pellets sogenannte Brücken aus, sie können die Brennstoffversorgung des Kessels beeinträchtigen. Der Schrägboden ist vorzugsweise aus Holzwerkstoffen und möglichst glatt auszuführen. Alte Rohre oder Abflüsse sollte man aus dem Pelletlager entfernen. Im Lagerraum dürfen sich keine Elektroinstallationen wie Schalter, Licht oder Verteilerdosen befinden.

An einem Lagerraum für Pellets werden jeweils ein Einblasstutzen (auch mehrere sind möglich) und ein Absaugstutzen aus Metall benötigt. Holzpellets können je nach verwendeter Holzart einen starken Geruch entwickeln. Der Grund sind holzeigene Aromaten, die in den Pelletpressen aktiviert werden. Dieser Geruch lässt in der Regel nach wenigen Wochen nach.

5.5.4 Abgase und Feinstaub

Holz verbrennt und setzt Wärme frei, aber auch Kohlenmonoxid, Kohlendioxid und feine Partikel (Feinstaub, Ruß). Kohlenmonoxid und Ruß sind Zeichen unvollständiger Verbrennung. Offenbar kam nicht genügend Sauerstoff ans Holz. Automatische Feuerungen mit Pellets oder Scheitholz regeln die Luftzufuhr und verwirbeln die Verbrennungsluft, damit die Flamme genug Nahrung findet. Bei ihnen ist die Einhaltung gesetzlich vorgeschriebener Grenzwerte für Partikel oder Stickoxide kein Problem. Maßgebend ist die Bundesimmissionsschutzverordnung (BImSchV). Außerdem bieten einige Hersteller elektrostatische Filter an.

Stückholzkamine können durchaus problematisch sein. Die Sauberkeit ihrer Abgase hängt stark von der Qualität der Scheite ab. Wesentlich ist der Zug im Schornstein, der über einen Zugbegrenzer eingestellt wird. Oft ist er kombiniert mit der Verpuffungsklappe (Explosionsklappe).

Moderne Pelletkessel fahren oft in Teillast. Dabei haben die Abgase Temperaturen unter 90 °C. Das in ihnen enthaltene Wasser kondensiert im Kamin und verbindet sich mit Schwefeloxiden aus dem Brennraum zu Säure. Es droht Versottung. Deshalb wird ein feuchteunempfindliches Abgassystem verlangt. Im Neubau ist ein wärmegedämmter Kamin mit Wärmedurchlasswiderstandsgruppe I nach DIN V 18160-1 erforderlich. Der richtige Kaminquerschnitt richtet sich nach der Nennleistung der Heizungsanlage und der wirksamen Kaminhöhe. In Wohngebäuden beträgt er zwischen 14 und 16 cm.

Literaturverzeichnis

Heizungstechnik und Lüftungstechnik

Gesetz zur Einsparung von Energie und zur Nutzung erneuerbarer Energien zur Wärme- und Kälteerzeugung in Gebäuden – Gebäudeenergiegesetz 2020/2022

Hartmann, Frank: Modernisierung von Heizungsanlagen, Bd. 1 der Edition Wohnenergie. Verlag Cortex Unit, Berlin, 2008

Hartmann, Frank: Beratungspaket Heizungsmodernisierung. Solarpraxis Verlag, Berlin, 2008

Kerschberger, A.; Brillinger, M.; Binder, M: Energieeffizient sanieren. Solarpraxis Verlag, Berlin, 2007

Hartmann, F.; Siegele, K.: Heizungsmodernisierung in Wohngebäuden – Anlagentechnik für Architekten. Deutsche Verlags-Anstalt (DVA), 2009

Hartmann, F.; Siegele, K.: Wärmekonzepte für den Wohnungsbau. Deutsche Verlags-Anstalt (DVA), 2010

Fielenbach, H.; Ohl, G.; Schwarzburger, H.: Effiziente Wohnwärme und hoher Komfort – Strategien und Lösungen zur Einsparung von Energie in mehrgeschossigen Wohnungsbauten und Schulen. GBG Mannheimer Wohnungsbaugesellschaft mbH 2009

Fachzeitschrift SBZ, Alfons W. Gentner Verlag Stuttgart, *www.sbz-online.de*

Hartmann, Frank: Baubiologische Haustechnik. Berlin: VDE Verlag, 2014

Haas, Karl-Heinz: Der Weg zum Nullenergiehaus. Berlin: VDE Verlag, 2013

Solartechnik und Energiespeicher

Schwarzburger, H.; Ullrich, S.: Störungsfreier Betrieb von PV-Anlagen und Speichersystemen. Berlin: VDE Verlag, 2017

Schwarzburger, H.; Ullrich, S.: Sonnenstrom aus der Gebäudehülle. Berlin: VDE Verlag, 2021

Fachzeitschrift Photovoltaik, Alfons W. Gentner Verlag Stuttgart, *www.photovoltaik.eu*

Seltmann, T.: Solarstrom vom Dach. Stiftung Warentest, 2013

Häberlin, H.: Strom aus Sonnenlicht für Verbundnetz und Inselanlagen. Berlin: VDE Verlag, 2010

Oberzig, K. u. a.: Solare Wärme. BINE-Informationsdienst. Berlin: FIZ Karlsruhe, 2008

Oberzig, K.: Strom und Wärme für mein Haus – Neubau und Modernisierung. Stiftung Warentest, 2013

Korthauer, R.: Handbuch der Lithium-Ionen-Batterien. Springer Verlag, 2013

Bierke, P.; Schiemann, M.: Akkumulatoren – Vergangenheit, Gegenwart und Zukunft elektrochemischer Energiespeicher. Verlag Utz Herbert, 2013

Kleinwindkraft

Gasch, R.; Twele, J. (Hrsg.): Windkraftanlagen: Grundlagen, Entwurf, Planung und Betrieb. Wiesbaden: Springer Vieweg, 2016

Kühn, P.: Small Wind Turbine Yield Estimator, Fraunhofer IWES

Kleinwindanlagen – BWE Marktübersicht spezial, Bundesverband Windenergie e.V., 2013

DIN EN 61400-2:2015-05 Windenergieanlagen. Sicherheit kleiner Windenergieanlagen

Twele, J. et al.: Qualitätssicherung im Sektor der Kleinwindenergieanlagen. Bundesverband Windenergie e.V., Berlin, 2011

6. Verwaltungsvorschrift zum BImSchG: Technische Anleitung zum Schutz gegen Lärm – TA Lärm, letzte Neufassung vom 26.08.1998, letzte Änderung vom Juni 2017

DIN EN 61400-11:2019-05 Windenergieanlagen. Schallmessverfahren

Gesetz zum Schutz vor schädlichen Umwelteinwirkungen durch Luftverunreinigungen, Geräusche, Erschütterungen und ähnliche Vorgänge (Bundes-Immissionsschutzgesetz, BimSchG), letzte Änderung vom Juni 2017

DIN EN 61400-12-1:2017-12 Windenergieanlagen. Messung des Leistungsverhaltens von Windenergieanlagen

Schwarzburger, Heiko: Allianz für den Eigenverbrauch (Kleine Windturbinen), In: Photovoltaik, Ausgabe 9/2013, Seite 15-17, Alfons W. Gentner Verlag Stuttgart, *www.photovoltaik.eu*

Jüttemann, Patrick: Nur erprobte Typen. In: Photovoltaik, Ausgabe 9/2013, Seite 18-21, Alfons W. Gentner Verlag Stuttgart, *www.photovoltaik.eu*

Amme, Jonathan: Windräder gut planen. In: Photovoltaik, Ausgabe 9/2013, Seite 22-27, Alfons W. Gentner Verlag Stuttgart, *www.photovoltaik.eu*

Jüttemann, Patrick: Ganz oder gar nicht (Marktreport). In: Photovoltaik, Ausgabe 10/2013, Seite 38-41, Alfons W. Gentner Verlag Stuttgart, *www.photovoltaik.eu*

Aktuelles Internetportal zur Kleinwindkraft (P. Jüttemann): *www.klein-windkraftanlagen.com*

Wärmepumpen und Holzfeuerungen

Hartmann, Frank: Wärme aus der Umwelt, Bd. 2 der Edition Wohnenergie. Verlag Cortex Unit, Berlin, 2008

Hartmann, Frank: Beratungspaket Wärmepumpen. Solarpraxis Verlag, Berlin, 2007

Hartmann, F.; Schwarzburger, H.: Systemtechnik für Wärmepumpen – Solar- und Umweltwärme für Wohngebäude. München: Hüthig & Pflaum Verlag, 2009

Sobotta, Stefan: Praxis Wärmepumpe. Solarpraxis Verlag, Berlin, 2008

Baumann, M.; Laue, H.-J.; Müller, P.: Wärmepumpen. BINE-Informationsdienst. FIZ Karlsruhe, Berlin, 2007

Beratungspaket Pellet- und Holzfeuerungen, Dr. Sonne Team, Solarpraxis Verlag, 2007

Bildnachweis

Heiko Schwarzburger (falls nicht anders angegeben)

Stichwortverzeichnis

C

D

S

T

Z